"十四五"普通高等教育本科部委级规划教材

西安美术学院学科建设项目

"中国风"服装与服饰设计系列丛书　　陈霞 ◎ 丛书主编

服装立体裁剪

从 基 础 到 应 用

吴亮　张宇帆　孙思扬 ◎ 著

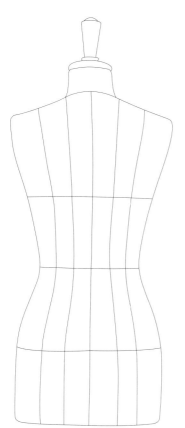

中国纺织出版社有限公司

内 容 提 要

本教材基于服装立体裁剪实践教学，以基础知识解析和案例应用相结合的模式，详细阐述了服装立体裁剪基础知识、女装上衣原型及省道转移、分割基本型、裙原型的立体裁剪的操作步骤与操作规范，并结合衬衫、连衣裙、外套以及中国风创意装的案例来介绍服装立体裁剪在款式结构设计中的变化与应用，分析服装立体裁剪的造型结构原理和影响结构变化的关键因素。

全书图文并茂，内容翔实丰富，由简入繁，深入浅出，图片精美，操作性强，具有较强的实用价值，不仅适合高等院校服装专业师生学习，也可供服装设计人员以及技术人员阅读参考。

图书在版编目（CIP）数据

服装立体裁剪：从基础到应用 / 吴亮，张宇帆，孙思扬著 . -- 北京：中国纺织出版社有限公司，2023.12
（"中国风"服装与服饰设计系列丛书 / 陈霞主编）
"十四五"普通高等教育本科部委级规划教材
ISBN 978-7-5229-1177-9

Ⅰ.①服… Ⅱ.①吴… ②张… ③孙… Ⅲ.①立体裁剪—高等学校—教材 Ⅳ.①TS941.631

中国国家版本馆 CIP 数据核字（2023）第 203228 号

FUZHUANG LITI CAIJIAN: CONG JICHU DAO YINGYONG

责任编辑：李春奕　　责任校对：高　涵　　责任印制：王艳丽

中国纺织出版社有限公司出版发行
地址：北京市朝阳区百子湾东里 A407 号楼　　邮政编码：100124
销售电话：010—67004422　　传真：010—87155801
http://www.c-textilep.com
中国纺织出版社天猫旗舰店
官方微博 http://weibo.com/2119887771
北京华联印刷有限公司印刷　各地新华书店经销
2023 年 12 月第 1 版第 1 次印刷
开本：889×1194　1/16　印张：12
字数：165 千字　定价：98.00 元

凡购本书，如有缺页、倒页、脱页，由本社图书营销中心调换

序言 PREFACE

　　进入 21 世纪以来，新一轮科技革命和产业变革正在重塑全球经济结构。针对服装行业的发展，个性化已经成为主流趋势，新型产业的发展对服装设计人才的需求不断更新，加速了服装设计与科技融合的教育培养需求与突破。当今服装设计产品的类型以及特征基本稳定，服装艺术设计的发展已经由原本对于设计产品的追求转为对特色产品，甚至服务概念的需求。服装艺术设计的对象不再仅是一个"物"，而更多的是在"物"化产品背后的服务理念，甚至有时仅是针对"服务"而并不需要具体的"物"的参与，这种服务可能是一种体验，也可能是一种模式。在这样的服装艺术设计要求下，对于设计人才的需求就不再是普通人才，而是具有跨专业能力和特色能力的设计人才。

　　西安美术学院服装系基于服装设计以及服装设计教育的发展，立足"本土化"与"国际化"双重视野，推出"中国风"服装与服饰设计系列丛书，该丛书为"十四五"普通高等教育本科部委级规划教材，在培养高素质、复合型创新创业人才的目标下，追踪国内外服装与服饰产业发展新趋势，构建基于国际潮流、中国元素、民族风尚"三融合"的特色化服装与服饰设计专业创新创业人才培养新体系。"中国风"服装与服饰设计系列丛书注重专业基础知识的训练，以案例分析的方式融入传统文化和课程思政，为服装设计本科学生以及广大服装设计爱好者们展示出服装与服饰设计中的诸多途径与特点。学习者可以通过本系列教材掌握服装设计从理论到实践的全过程，并获得一种体验性的学习感受，为服装设计实践能力、审美素养的提升提供有益的助力。

陈霞

西安美术学院服装系主任

2023 年 6 月

前言 INTRODUCTION

　　本书是由西安美术学院服装系陈霞教授统筹、策划的"十四五"普通高等教育本科部委级规划教材——"中国风"服装与服饰设计系列丛书之一。西安美术学院服装系"中国风"服装与服饰设计系列丛书立足"本土化"与"国际化"的双重视野，秉承国际潮流、中国元素、民族风尚"三融合"的服装与服饰设计专业创新创业人才的培养理念，以培养高素质、复合型创新创业人才为宗旨，是创新培养模式、建立新型人才培养体系的重要内容。

　　随着数字化信息时代的高速发展，服装产业的全球化趋势愈发凸显。当今社会生活水平不断提高，人们对服装的需求呈现多元化。不仅对服装的品质要求越来越高，对着装个性和内涵表达也有着更进一步的追求，这对于服装行业的从业人员也提出了更多、更高的要求和挑战。目前，关于服装结构设计的方法主要有平面裁剪和立体裁剪。平面裁剪通过操作者运用相关制图公式进行结构制图，结合操作者的经验和逻辑思维，将服装造型通过二维平面的方式进行表现；立体裁剪则通过三维立体空间直接进行服装造型的塑造，它不仅适合基础款式，更适合独特、复杂、不对称等极具创意的服装，能够有效地将人体与服装造型、面料三者进行有机的结合，使操作更加直观，制作成功率更高，设计空间更大，有利于激发创意设计思维，培养服装结构空间意识。因此，服装立体裁剪在服装结构设计中的应用越来越广泛。

　　本书由西安美术学院服装系三位教师共同编写。以案例化、阶梯化的教学内容分层次培养学生独立分析问题、解决问题的能力，结合实践教学，确立理论知识与实践应用结合、技术规范与艺术表现并举的编写思路。教师团队多年从事专业课程教学工作，经过认真的筹备，完成了大量实操内容的图片拍摄、记录以及内容的撰写，经过反复的筛选、修改，最终成书。

　　全书分为上篇和下篇，共4个部分。第1、第2、第3部分由吴亮、张宇帆编写，第4部分由吴亮、张宇帆、孙思扬编写完成。上篇为基础篇，内容包括立体裁剪理论知识、立体裁剪基础两部分，首先介绍了立体裁剪的基本概念、发展历史、工具材料，演示了制作准备以及女装上衣原型及省道转移、分割基本型、裙原型的立体裁剪的操作步骤与操作规范；下篇为应用篇，通过衬衫、裙子、连衣裙、外套介绍服装立体裁剪在款式结构设计中的变化与应用。基于我系办学理念，本书特别介绍了中国风创意装的风格特征与结构表现，通过典型案例对服装中各类造型的操作方法进行了详细解析和操作示范，分析服装立体裁剪的造型结构原理和影响结构变化的关键因素，让学习者在理解立体裁剪造型原理的同时，学习并掌握服装廓型与内部结构、省道设计的方法。此外，在袖型制作方面，本书采用立体裁剪与平面制图相结合的方式，先通过立体裁剪的方式获取袖窿弧线的造型及尺寸，结合平面制图方式进行袖山弧线及袖身部分的制作，最终再结合立体裁剪的方式进行袖子造型的调整和完善。

特别感谢在本书编写过程中参与立体裁剪图片拍摄、整理的徐依婷、余敏捷、武霜霜同学的辛勤付出，由于编者水平所限，教材中难免存在疏漏和不妥之处，敬请广大读者批评、指正。

著者

2023 年 8 月

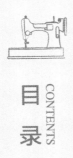

目录
CONTENTS

2　立体裁剪的基础

下篇——应用篇

3 基本款式的立体裁剪

4　国风创意装的立体裁剪

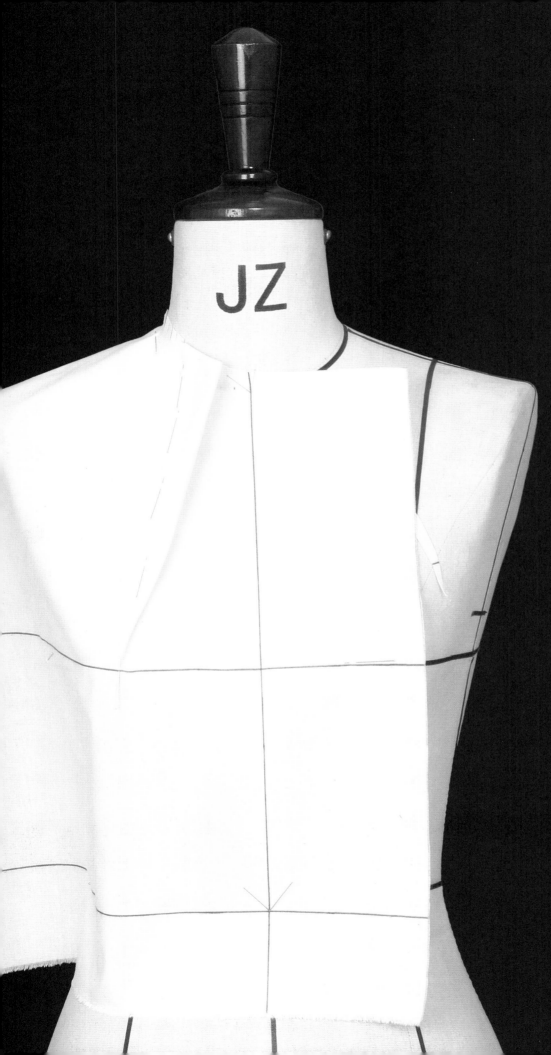

1 关于
立体裁剪

1.1 绪论

1.1.1 立体裁剪的概念

现代服装工程由服装款式造型设计、服装结构设计、服装工艺设计三部分组成。服装结构设计在服装造型设计及制作过程中起到了十分关键的桥梁作用，是将服装设计的艺术构思物化为服装三维立体形态的中间环节。通常，服装结构设计的方法有两类：一类是平面裁剪；另一类是立体裁剪。

服装立体裁剪是基于人体或人体模型，利用恰当的试样布料，在三维空间塑造服装造型的结构设计方法。它是一种直接将布料覆盖在人体或人体模型上，通过省道、分割、褶裥、折叠、抽缩、扭转、垂荡、悬垂等结构手法塑造服装造型，再从人台或人体上取下布样进行平面整理，从而获取服装样片并拓印转换成服装纸样的技术手段。因其在操作中有很强的创意空间，能够较为直观、准确地表达服装设计想法而备受青睐，并被广泛使用。

1.1.2 立体裁剪的历史及发展

纵观服装发展史，服装立体裁剪这一造型手段是伴随服装文明的演进而产生和发展的。西方服装史将19世纪以前的服装发展划分为非成型期、半成型期和成型期三个阶段。从1890年以后，女装便进入了从古典样式向现代样式过渡的重要转换期，是服装发展史中的立体与平面结合时期。服装立体裁剪产生于服装发展的成型期，也就是历史上的哥特时期。

1.1.2.1 非成型期

服装发展的非成型期主要以公元4世纪以前的古埃及（图1-1）、古希腊（图1-2）、古罗马（图1-3）时期为代表，是服装发展的平面式时期。这一时期的服装主要是将整块织物包裹、缠绕和披挂于人体，通过不同的穿着形式，使布料本身的堆积和悬垂形成自然的褶皱，而未出现结构上的裁剪。

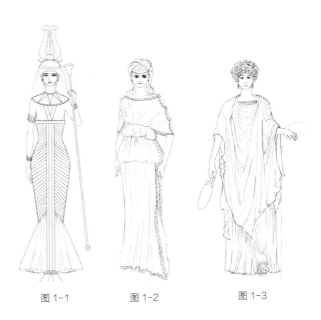

图1-1　　　　　图1-2　　　　　图1-3

1.1.2.2 半成型期

半成型期是服装发展历程中由半立体向立体转换的时期，服装运用平面裁剪塑造出较为合体的直身式廓型，结构中出现了简单的直线式分割。主要包括公元6世纪拜占庭的筒型衣（图1-4）、公元8世纪西欧的紧身衣与披风以及公元11~12世纪的罗马束腰结构等，都是这一时期的服装结构代表。

1.1.2.3 成型期

成型期是服装发展中立体式的完善时期，也是服装立体裁剪产生的时期。以13世纪哥特式、14世纪文艺复兴、17~18世纪巴洛克和洛可可的结构特征为代表。

随着服装文化的发展和各地区间的交流融合，欧洲服装终于脱离了古代文明的平面造型。哥特时期的服装造型日趋合体，出现了立体化的裁剪手段，在衣片的前、后、侧三个方向去掉了由胸腰差产生的多余部分，这就是现代服装里"省"的来源，服装由二维空间构成转向三维空间构成（图1-5）。

文艺复兴时期，在女装中为了进一步强调服装造型的立体感，突出胸部、收紧腰部，服装以腰围线为界上下分别裁制，上体部与裙子在腰围线上缝合或用细带连接，这种上下分开构成的连衣裙形式是近代二部式服装的基础（图1-6）。一方面服装出现省道、分割线等结构，以满足人体曲面要求；另一方面会在臀围以下加入很多三角形布，使整体衣身造型更为立体。同时这一时期

图1-4   图1-5   图1-6

的衣服据人体结构的分解，出现了袖窿的结构以及可拆卸的袖子（图1-7）。

巴洛克时期紧身胸衣开始流行，服装的上装部分追求紧身合体，下身追求夸张的体量感和丰富多样的装饰手法。服装各部位的长短、分割面积不同，女性体型的曲线得到最大限度的体现（图1-8）。洛可可时期，裙撑及紧身胸衣的使用，更加强调了服装造型的曲线感，因此服装结构中省道、分割线的运用更为成熟和细致，使服装造型表现出更加强烈的流动感（图1-9）。

图1-7　　　　　　　　　　图1-8　　　　　　　　　　图1-9

1.1.2.4　立体与平面结合时期

19世纪后期是服装发展中平面与立体结合的时期，随着社会发展和时代变迁，服装造型结构发生了较大变化。女性服装的整体造型体积明显收缩，更加接近于现代服装结构的造型开始出现（图1-10）。至20世纪，现代时装设计概念逐步形成。多种艺术思潮影响着服装的发展，服装艺术风格和流派逐渐趋于多元化，结构主义和解构主义的影响使服装结构造型千姿百态、丰富多样。科学技术的发展使服装立体裁剪工具和材料不断更新，服装立体裁剪的技术日臻成熟，被越来越广泛地应用于服装的设计中。

图1-10

1.1.3　服装结构设计的方法

服装结构设计是获取服装结构纸样的过程。在这个过程中，平面裁剪的结构设计方法是制板师借助于服装平面知识和经验，解析相应的平面服装样片，绘制出服装结构图。立体裁剪的结构设计方法是制板师将服装面料在三维空间中直接塑造出服装立体形态，形成服装样片并拷贝得到服装结构图。由此我们可以看出，这两种方法目的相同，但是操作空间、顺序、方法截然不同，我们应根据服装款式结构特征来选择恰当的结构设计方法。总体来看，为了提高服装结构设计的效率和成功率，平面裁剪与立体裁剪相结合的结构设计方法得到越来越广泛的应用。

在此，我们将平面裁剪与立体裁剪进行了相互比较，其差异如下（表1-1）。

表1-1　平面裁剪与立体裁剪对比

对比角度	平面裁剪	立体裁剪
操作空间	二维平面制图	三维立体造型
制作方法	按照结构制图公式进行数学计算后，得到服装款式造型的关键数据，依据制图步骤完成服装和结构设计，在此过程中，设计者需凭借经验设置服装松量	在制作过程中通过正确、规范的操作手法和技巧，直接塑造人体结构空间，能直观、准确把握服人装与人体之间的空间及松量关系。要求操作者不仅具有一定的平面裁剪知识基础和工艺制作经验，还需要具备较强结构空间意识
可操作性	操作较为简捷，制图须精确，后需假缝试样进行造型验证，再对样板进行调整、修正，最终确认纸样	造型直观，操作直接。能够有效处理平面裁剪难以解决的夸张的、复杂的、不对称的造型问题，成功率高。操作条件要求高、过程复杂，操作技巧和手法对造型结果影响大
造型效果	间接性地获得造型效果。在二维纸样向三维服装转换的过程中，难以将立体造型与平面制图形象具体地对应起来，需要通过服装的工艺制作得到效果	直接性地获得造型效果。人体结构空间塑造过程中能够直接获得服装的整体及局部造型效果，且造型表达更加多样化，有利于激发创意设计思维，培养服装结构空间意识

1.1.4　服装立体裁剪所需的基础知识

众所周知，任何立体造型经过合理的分解，都可以转变为某些形状的平面图形。反之，某些形状的平面图形经过有序的组合可以形成相应的立体造型。以日常生活中常见的几何形体为例，我们可以将其沿纵向或横向分割并展开形成平面图形，反之，也可将一些特定的平面图形有序地连接组合，形成相应的立体造型（图1-11）。在服装立体裁剪中要准确地塑造人体结构空间，要使服装更加适合人体、美化人体，就需要具备一定的服装专业基础知识。

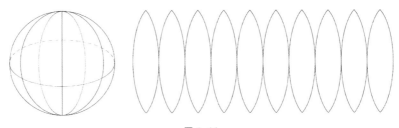

图1-11

1.1.4.1　认识人体

服装立体裁剪是基于人体的造型手法，要使服装造型合体、美观，必须了解人体结构特征。

人体是一个复杂的多面体，准确地把握各形体间的体面关系，理解人体结构点、结构线对服装结构塑造的影响，是掌握服装立体裁剪方法的前提（图1-12）。

1.1.4.2　服装的放松量

在服装立体裁剪过程中，必须考虑人体运动和服装造型的关系。服装结构空间需要满足人体的基本活动需要，因此人体运动规律是设计放松量的重要依据。同时放松量的控制和分配又直接影响着服装造型的艺术效果，这是服装结构设计的重要内容（图1-13）。

1.1.4.3　面料的纱向

在服装立体裁剪过程中要使服装造型结构准确、平衡、均匀，符合设计意图，除了上述的关键点以外还有一个重要因素，那就是面料的纱向。一方面，纱向是立体裁剪过程中对位、样片整理、转换成纸样的参考依据；另一方面，纱向直接影响着服装立体裁剪的造型及悬垂效果。因此，正确、有效地运用纱向是服装造型塑造的关键因素。

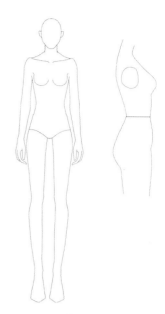

图 1-12

1.1.5　服装立体裁剪的程序

服装立体裁剪的基本程序为：款式分析→准备人台→准备坯布→初步造型→描点、连线→平面整理→假缝试样、造型调整→拓印纸样、完成制作。

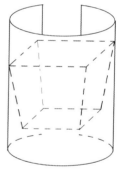

图 1-13

1.2　立体裁剪的准备

1.2.1　立体裁剪工具及材料

服装立体裁剪操作过程中常用的工具包含以下类别。

1.2.1.1　人台

服装立体裁剪所要准备的重要工具之一是标准人台。标准人台是能够准确反映人体体型特征的人体替代品，其胸围、腰围、臀围、前后腰节长、胸宽、背宽、颈围等各个部位的尺寸均符合国家标准。人台不仅形态要与真实人体形态相符合，还要具有较完美的人体比例以反映人体曲线美。按照服装立体裁剪的目的和用途，人台可分为多种类型，如女体（男体）躯干型净体人台、女体（男体）下肢净体人台、女体（男体）全体吊挂人台、女体（男体）全体半腿人台、内衣人台、大衣人台、礼服人台、孕妇体人台、老人体人台、儿童体人台等，最为常用的人台有女体躯干型净体人台、男体躯干型净体人台，我们可以根据需求进行选择（图1-14）。

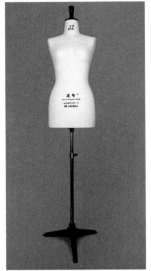

图1-14

1.2.1.2　坯布

坯布是服装立体裁剪中最常用的面料，一般是经、纬纱向比较稳定的平纹棉布，不同密度和厚度的坯布具有不同的悬垂性与挺阔度，在制作中可根据服装类型或服装廓型的需要进行选择（图1-15）。

1.2.1.3　立体裁剪相关工具（图1-16）

①直尺：长度为60cm或100cm，分为不锈钢材质和塑料材质，不锈钢材质使用时较为稳定；塑料材质透明，刻度功能齐备，使用方便。

②L尺：兼具直角和曲线功能。

③D曲线尺：可以画出不同形状的弧线，例如，驳头止口、下摆、腰围线等部位的曲线。

图1-15

④软尺：用于测量身体部位的围度及长度。

⑤6字尺：形似数字6的弧形尺，用于领窝弧线、袖窿弧线的绘制。

⑥定规尺：尺身质地柔软，极易弯曲，在测量弧线等处易于操作。

⑦划粉：在坯布上进行标记时使用。

⑧裁剪剪刀：进行立体裁剪及缝制时使用，为了方便操作一般选择9～10号为宜。

⑨美工刀：切割纸样时使用。

⑩铅笔：一般选用2B、HB的铅芯。如果是自动铅笔，则以选择0.7mm铅芯为宜。

⑪热消笔：用于做记号的笔，常用于坯布对位点标记，遇热笔迹会自动消失，不影响布面整洁。

⑫大头针：选择直径为0.5mm的细长且光滑的针，操作起来更加方便实用。

⑬针插：用于扎大头针，可戴在手腕上，方便立体裁剪操作时用针。

⑭标记带：用于贴制人台上的基础线，或在立体裁剪过程中标记款式造型线时使用。一般情况下，人台基础线使用宽度为3mm的标记带，在制作中使用的标记带颜色应与基础线不同，宽

度为2mm。

⑮滚轮：有标准齿和钝齿两种，在拷贝纸样时使用。

⑯重锤：在贴制人台标志线时用于确定前、后中心线。

⑰牵条：对坯布的边缘起到防拉伸作用，用熨斗熨烫使用。

⑱文镇：用于压住纸样或布料，使其不移动、错位。

⑲人台假手臂：作为人体手臂的替代品，在进行袖型制作时使用。

⑳布用复写纸：有单面和双面两种，做标记或拷贝时使用，颜色有多种。

㉑手缝针：根据型号和粗细的不同，在假缝时使用。

㉒锥子：用于在纸样上做标记点。

㉓缝纫线（涤纶线）：用于缝合。

㉔棉线：也叫攘线，是用于临时固定或做记号时使用的手缝线。

㉕垫肩：用于形体补正或服装造型需要。垫肩种类较多，应根据不同需求选择不同的形状及厚度。常用的有装袖垫肩、蜂窝型垫肩、插肩袖型垫肩等。

㉖垫棉：合成棉制成。用于布手臂的制作或人台的补正。

其他工具：打板纸、熨烫工具、裁剪台。

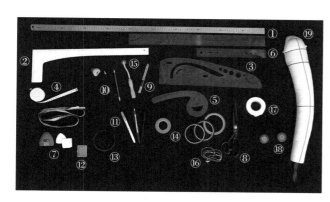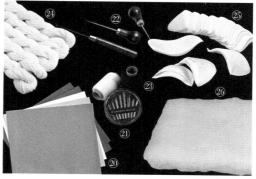

图1-16

1.2.2　人台的准备

1.2.2.1　人台标志线的粘贴

人台的标志线是进行服装立体裁剪时的基准线。在制作过程中标志线与坯布的纱向相对应，能够确保立体裁剪制作的准确性。与此同时，它也是立体裁剪纸样展开的参照线。人台标志线的粘贴根据制作习惯的不同，方法各种各样。有些位置可以借助仪器测量得到，而有些位置则需要凭借制作者的经验和对人体结构的理解来获取。

（1）人台的标志点和标志线：在立体裁剪的制作过程中，人体各部位的标志点和标志线由统一的术语和符号来表示。

①标志点：前颈点（FNP）、后颈点（BNP）、侧颈点（SNP）、肩端点（SP）、胸高点（BP），如图1-17所示。

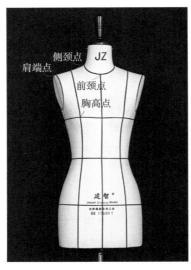
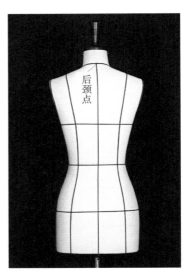

图1-17

②标志线：前中心线（CF）、后中心线（CB）、胸围线（BL）、腰围线（WL）、臀围线（HL）、肩线、侧缝线、袖窿弧线、颈围线（领窝弧线），如图1-18所示。

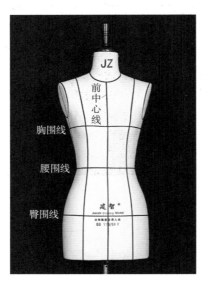
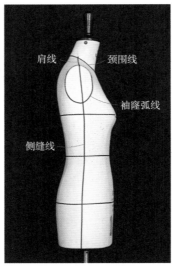
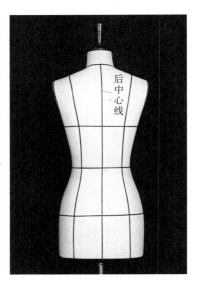

图1-18

（2）人台标志线的粘贴方法：

①前中心线：在人台的前颈点（FNP）处用重锤或重物吊出垂线，并用大头针做记录，确定前中心线（图1-19）。

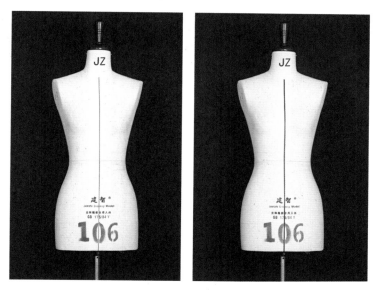

图1-19

②后中心线：在人台的后颈点（BNP）处仍用重锤吊出垂线，并用大头针做记号，确定后中心线（图1-20）。

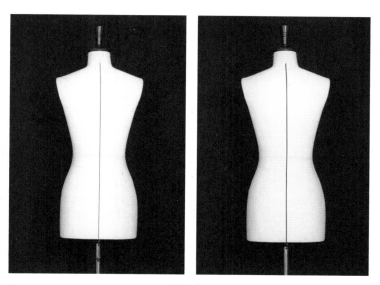

图1-20

③确定了前、后中心线后，需要核对前、后中心线是否对人台两侧进行等分，否则需要对前、后中心线进行调整，确定等分后方可继续后面的步骤。

④胸围线：目测人体胸高点，并做记号，以此点为基准，用测高仪在人台上找出同一平面上该高度的点的轨迹，用标记带做记号，并确定乳间距为18cm，且须保持胸围线的平顺（图1-21）。

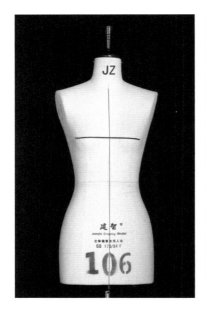
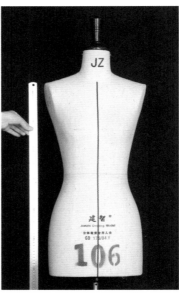
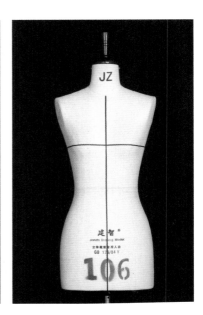

图 1-21

⑤腰围线：用直尺测量来确定腰部最细处，以此位置为基准，用测高仪在人台上找出同一平面上该高度的点的轨迹，用标记带做记号，并需要保持腰围线的平顺（图1-22）。

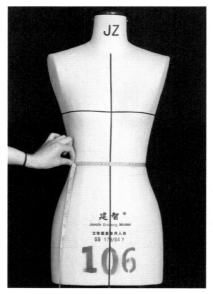
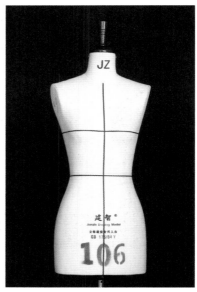

图 1-22

⑥臀围线：臀围线通常为臀部最丰满处的水平线。一般从腰围线处沿前中心线向下量取18cm，以此位置为基准，用测高仪在人台上找出同一平面上该高度的点的轨迹，用标记带做记号，并需要保持臀围线的平顺（图1-23）。

⑦领围线：经前颈点、右侧颈点、后颈点，对颈根部位用软尺贴围一圈，并用大头针做记号，注意后颈点左右各2.5cm为水平，领围线的粘贴需要光滑、圆顺（图1-24）。

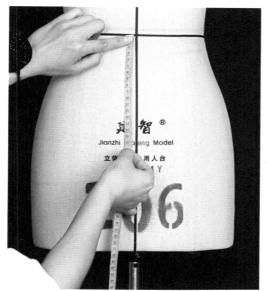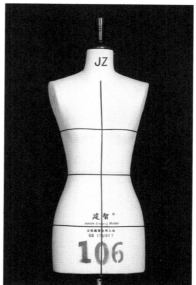

图 1-23

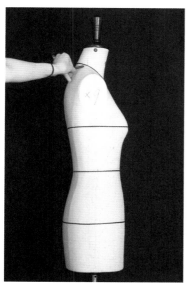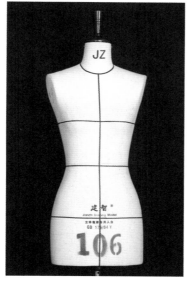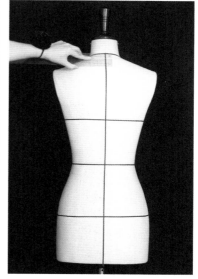

图 1-24

⑧肩线、侧缝线：取前中心线沿胸围线至后中心线距离的中点向后1cm，确定位置；取前中心线沿腰围线至后中心线距离的中点向后1.5cm，确认位置；取前中心线沿臀围线至后中心线距离的中点向后1cm，确认位置。从侧颈点，经肩端点，光滑连接上述三个点，形成肩线、侧缝线。肩线、侧缝线的位置并非一成不变，可根据制作者的审美习惯来设定（图1-25）。

⑨袖窿弧线：该线作为袖窿的基准线，通过肩端点、前后腋点环绕固定，在确定位置时应按照人台上臂根的形状进行。前腋点部位弧线略深，后腋点部位弧线则略浅，根据人体实际形态进行粘贴（图1-26）。

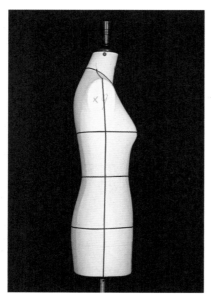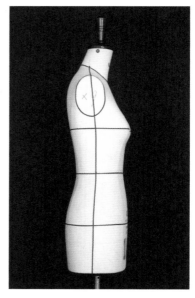

图 1-25　　　　　　　　　　　　　　　　　　　　图 1-26

⑩公主线：前公主线由肩线中点位置向下过胸高点，顺延至腰部吸入点和臀部突出点，再竖直顺延至人台底部。后公主线从肩线中点位置，向下沿人体曲面，经过肩胛骨突出点、腰部吸入点和臀部突出点，竖直顺延至人台底部。公主线为造型线，应注意整体线条和人体之间的平衡关系，体现出优美顺畅的造型感（图1-27）。

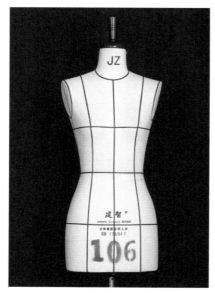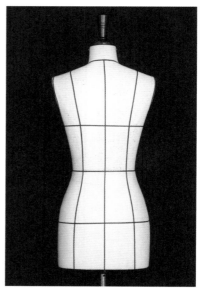

图 1-27

1.2.2.2　人台的补正

在立体裁剪制作过程中，人台是最为重要的工具，人台的形态直接影响着立体裁剪的制作结果，因此对人台进行补正显得尤为重要。进行人台补正主要有两方面的原因：一方面是根据穿着者体型的特殊性决定，人台是按照标准体形数据进行设计制作的，但人体体型千差万别，这就需要对标准体形的人台进行适当的调整，一般来说，对肩部、胸部、背部进行补正的情况较为多见；另一方面则是由款式造型的特殊要求决定，服装款式造型千姿百态，服装设计师对服装结构廓型的设计天马行空、极具创意，这种情况下就需要对人台进行补正，为立体裁剪做好前期准备，通常会对肩部、胸部、臀部等处进行补正（图1-28）。

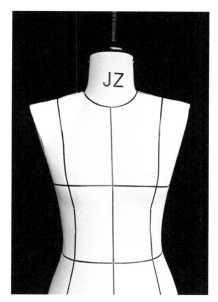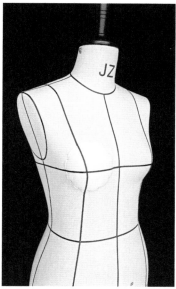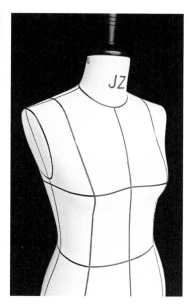

图1-28

1.3 大头针的使用

在立体裁剪时，为了塑造完美的造型，提高制作的准确率和成功率，必须运用规范的针法来完成制作。可根据面料特性选用不同粗细、长度的针。一般来说，为了操作方便会选用比较细长且光滑的大头针。

大头针的使用，一是将坯布固定在人台上，二是塑造服装结构造型过程中抓合省道、别合分割线或缝合缝等。不同的操作会采用不同的大头针使用方法。

（1）固定用针法：在前中心线、后中心线等处将坯布与人台对齐并固定时运用。用这种针法做固定比较稳定，不易偏移、错位。在立体裁剪时，常用的固定针法有交叉针法和平针法（图1-29）。

（2）重叠针法：在初步造型中，两块布需要进行别合时，用大头针在缝合线上别合的针法，有斜别（图1-30）、平别（图1-31）、垂直别（图1-32）。这种针法较为平整，制作比较准确，能较好地控制松量。

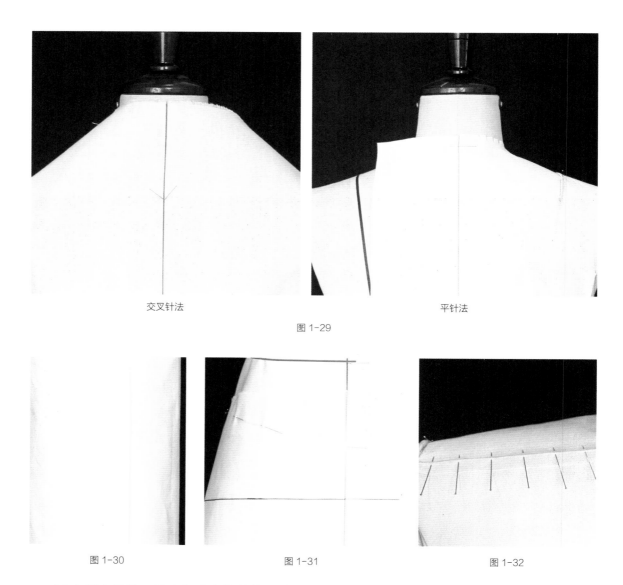

交叉针法

平针法

图1-29

图1-30

图1-31

图1-32

（3）抓合针法：是在塑造人体结构和款式造型时，确定省道位置、大小以及分割缝形态时用大头针固定布与布的针法，这种针法在确定位置和形态时较为准确，但是对制作手法要求较高（图1-33）。

（4）折叠别针法：在假缝试样过程中，缝合线上的缝份向内翻折，确认缝合线时运用折叠别针法完成别合，这种针法较为工整，能准确地还原造型（图1-34）。

（5）藏针法：在绱袖子、领子、腰头等部件时采用的针法。这种针法大头针从一块布的折边处插入，挑住另一块布进行别合，针尖不露出。这种针法能很好地保持布与布之间的造型空间感（图1-35）。

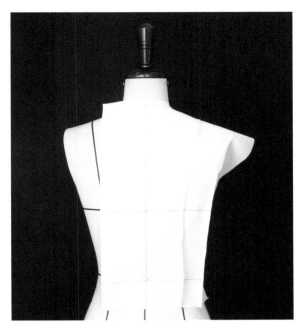
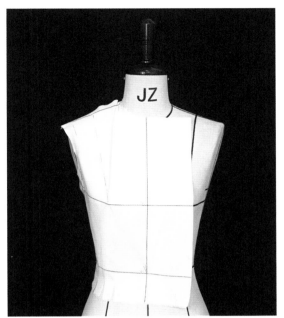

图 1-33

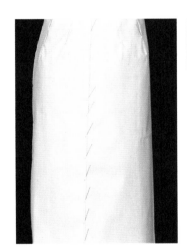
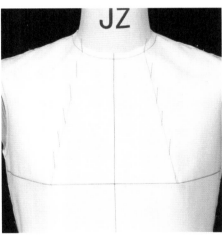

图 1-34

图 1-35

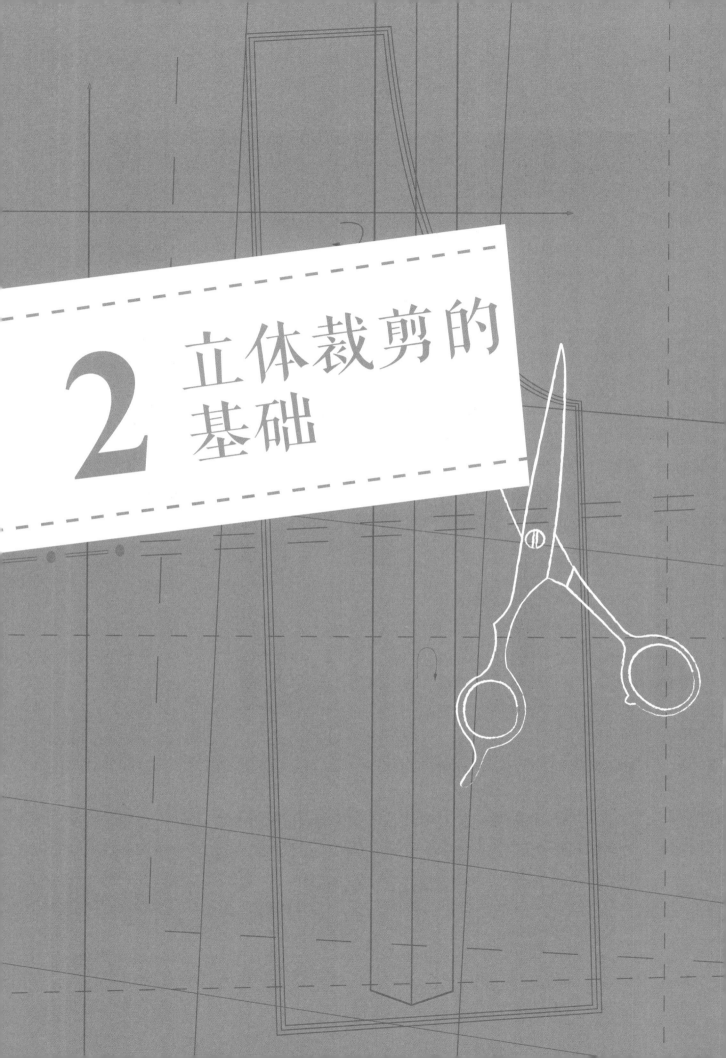

2 立体裁剪的基础

立体裁剪的基础内容包含上衣原型、基于上衣原型胸部造型展开的各种省道转移以及变化款式、分割基本型、裙原型、波浪裙等的立体裁剪。

2.1　上衣原型及省道转移

2.1.1　上衣原型的立体裁剪

● 款式分析

上衣原型是成人女子体型的基础型，需要保证身体活动的基本放松量。为了满足人体胸部以及肩胛骨曲面状态的结构特征，解决胸腰围差的问题，在前片设置袖窿省、腰省，后片设置肩省、腰省，款式比较贴体，制作中需确保胸围线、腰围线水平（图2-1）。

图2-1

● 坯布准备

（1）使用中厚的坯布并去除布边3cm，直接覆盖于人台进行估算。前、后片同时取布，注意长度方向为直丝，标记前后中心线、前后片剪开线；宽度方向为横丝，标记胸围线、腰围线。确定长度时，以侧颈点向上4cm为起点，通过胸高点垂直向下量至腰围线，再向下4cm，并标记位置（图2-2）。确定宽度时，以前中心线向右10cm为起点，沿着胸围线水平向左量至侧缝线，再向外加放4cm处确定剪开线，在此基础上放出了4cm，继续水平向左量至后中心线后向外加放10cm，并标记位置（图2-2）。

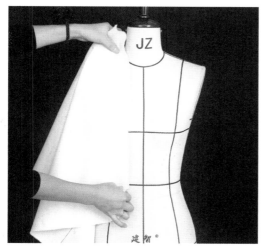
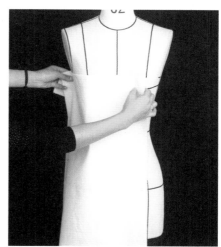

图2-2

（2）沿着标记记号绘制布纹线，并整烫坯布，使丝绺归正。坯布数据参考图2-3所示。

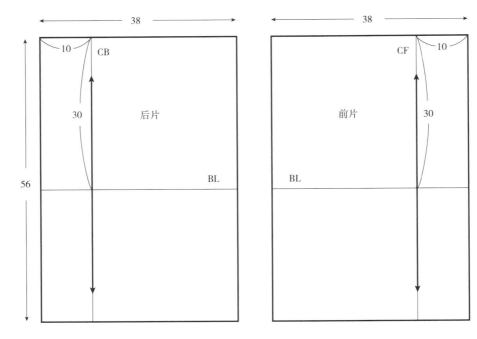

图2-3

● 制作步骤

（1）将前衣身的中心线、胸围线与人台标志线对齐，用大头针进行固定（图2-4）。

（2）将坯布向下翻折，在前中心线处打剪口，剪口剪至领围线上方（图2-5）。

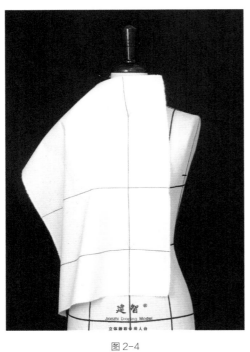

图2-4   图2-5

（3）将领围线处的坯布向肩线方向推移，并固定侧颈点（图2-6）。

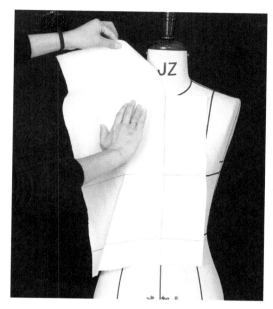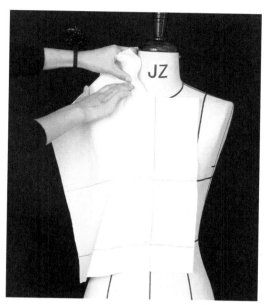

图2-6

（4）剪去领围线上多余的坯布，并在领围线上打出剪口（图2-7）。

（5）将肩部坯布向侧缝方向推移铺平（图2-8）。

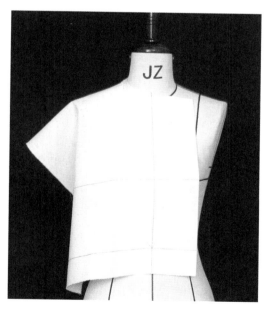

图2-7　　　　　　　　　　　　　　　　　　图2-8

（6）将坯布的胸围线和人台胸围线对齐，在胸部保留松量并做临时固定（图2-9）。

（7）保留胸宽松量，从前腋点开始，省尖指向胸高点，捏出袖窿省，用抓合法别合省道（图2-10）。

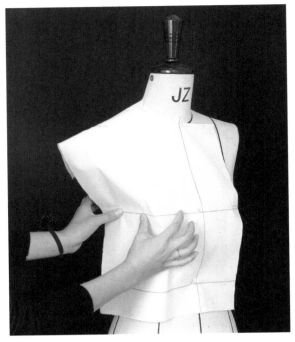

图2-9

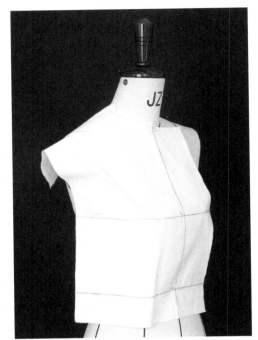

图2-10

（8）从袖窿向腰围线平铺坯布，做临时固定（图2-11）。

（9）捏出腰省，省尖距离胸高点2cm，并垂直于腰围线（图2-12）。

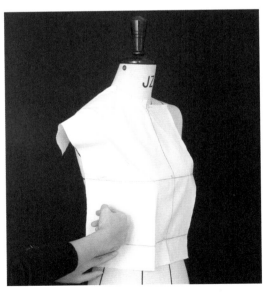

图2-11

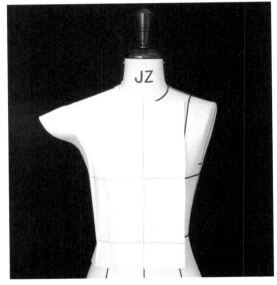

图2-12

（10）捏出靠近侧缝处的省道，省尖到达袖窿省处，位置居中，并垂直于腰围线，确保腰围松量为1.5cm（图2-13）。

（11）用标志线贴出肩线及侧缝线位置，并用大头针标记出袖窿弧线，剪去多余的坯布（图2-14）。

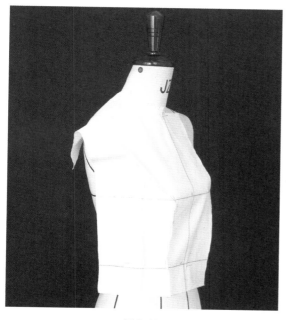
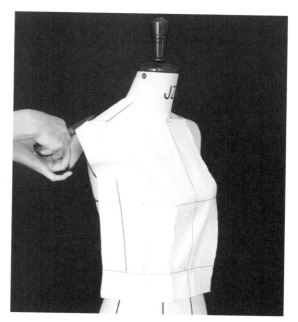

图2-13　　　　　　　　　　　　　　　　　　图2-14

（12）将后衣身的中心线、胸围线与人台标志线对齐，用大头针固定（图2-15）。

（13）在后中心线打剪口至领围线上方，剪去多余坯布，并在侧颈点与前片别合固定（图2-16）。

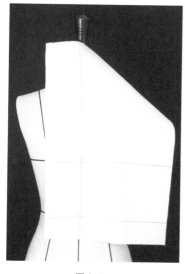
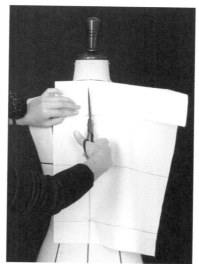

图2-15　　　　　　　　　　　　　　　　　　图2-16

（14）在领围线处打剪口，修剪领围线（图2-17）。

（15）胸围线保持水平，在侧缝处做临时固定（图2-18）。

（16）铺平后中心线处的坯布，捏出靠近后中心线的腰省，省道垂直于腰围线，省尖在胸围线向上2cm处（图2-19）。

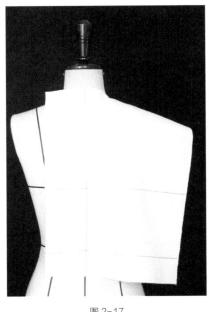

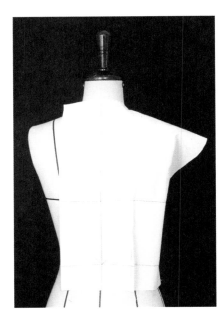

图2-17 　　　　　　　　　　　图2-18 　　　　　　　　　　　图2-19

（17）在人体体面转折的位置捏出省道，省道垂直于腰围线，省尖位置距离后腋点1cm，长度到达后腋点（图2-20）。

（18）胸部保留放松量，侧缝线别合前、后片，对齐胸围线、腰围线（图2-21）。

（19）将后袖窿处多余坯布向上推向肩线处，形成后肩省，省尖指向肩胛骨凸点（图2-22）。

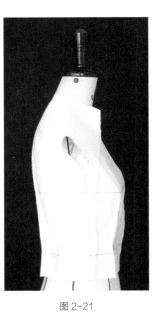

图2-20 　　　　　　　　　　　图2-21 　　　　　　　　　　　图2-22

（20）肩部留出松量（约一指），与前片肩线别合，并修剪出后片袖窿弧线及肩线（图2-23）。

（21）按照人台标志线的位置对领围线进行点影（图2-24）。

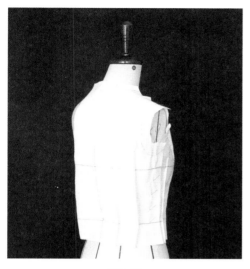

图 2-23

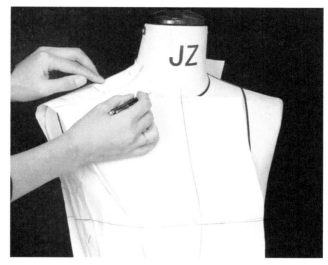

图 2-24

（22）将别合好的坯布从人台取下，对肩线、侧缝线、袖窿弧线及各个省道进行描点，标记对位点、省尖及省道大小（图 2-25）。

图 2-25

（23）依次去掉大头针，用尺子按照标记点连点成线，连线要求画圆顺。

（24）完成后依据缝份量进行修剪，再次用大头针进行假缝试样。

（25）将试样穿于人台上，观察整体造型的空间感，确认布纹线与标志线是否吻合，各结构线是否合理，如有问题及时修正（图 2-26）。

（26）拓印。将打板纸平铺在展开造型的坯布上，用重物将上下两层同时压住。按照坯布表面的标记线、标记点进行描图，并根据制板要求完成相应的结构纸样绘制。

（27）将前、后片调整对称，完成制作（图 2-27）。

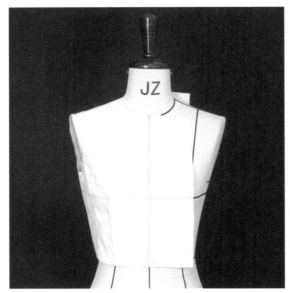 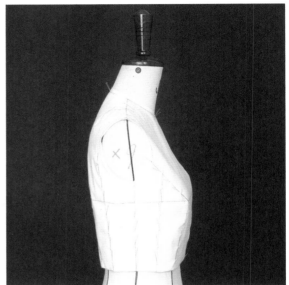

图 2-26

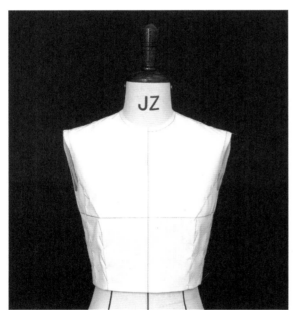 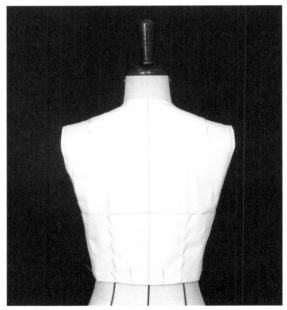

图 2-27

2.1.2 肩省转移

● 款式分析

在原型的基础上，合并腰省及袖窿省并转移至肩部，使省道从肩线指向胸高点（图 2-28 ）。

● 坯布准备

备布方法基本同上衣原型，确定长度时，以侧颈点向上 4cm 为起点，通过胸高点垂直向下量至腰围线，再向下6cm，并标记位置。坯布数据参考图2-29所示。

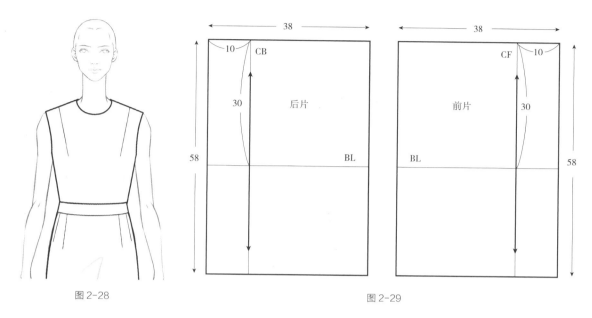

图2-28

图2-29

● 制作步骤

（1）将前衣身的中心线、胸围线与人台标志线对齐，用大头针进行固定（图2-30）。

（2）将坯布向下翻折，在前中心线处打剪口，剪口剪至领围线上方（图2-31）。

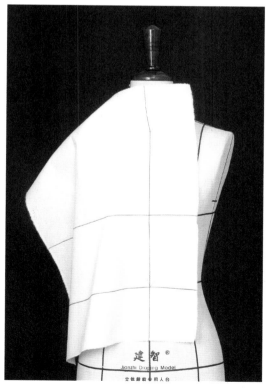

图2-30

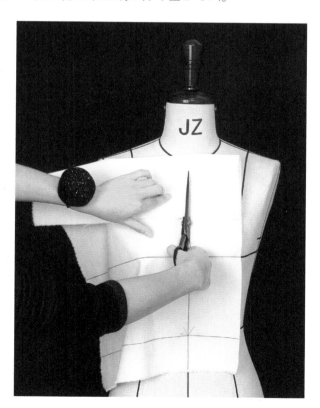

图2-31

（3）将领围线处的坯布向肩线方向推移平铺，并固定侧颈点（图2-32）。

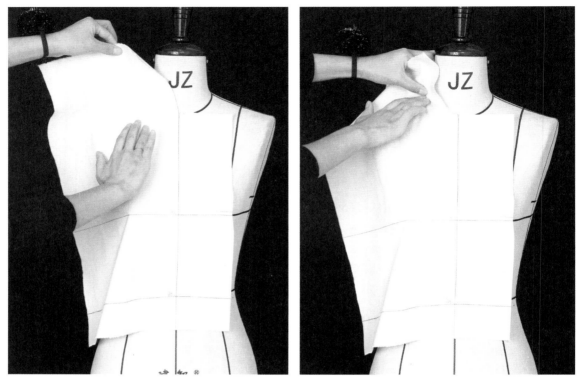

图2-32

（4）剪去领围线上多余的坯布，并在领围线上打剪口（图2-33）。

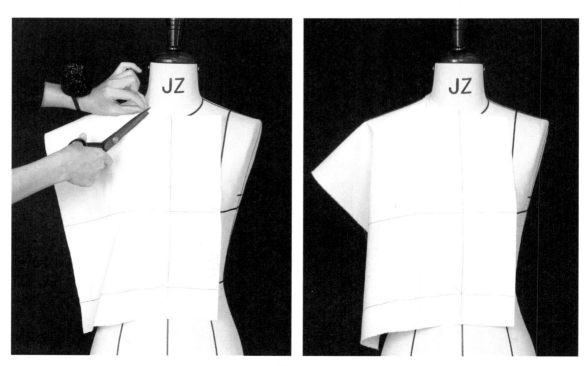

图2-33

（5）将腰部的坯布向肩线方向推移，在腰围线处打剪口，并在前胸宽、腰围线处留出松量，做出肩省，省尖指向胸高点（图2-34）。

（6）肩省设置在肩线中点处，省尖不超过胸高点（图2-35）。

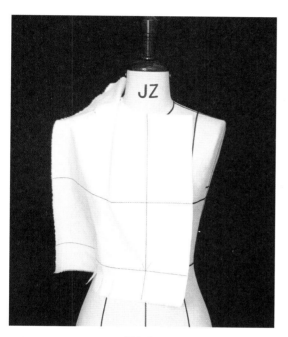

图2-34

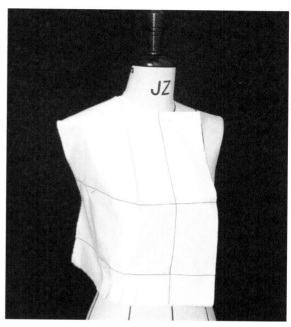

图2-35

（7）在肩线、侧缝线处贴标记线，并剪去多余的坯布（图2-36）。

（8）对领窝弧线、肩省、胸围线、腰围线的位置进行标记（图2-37）。

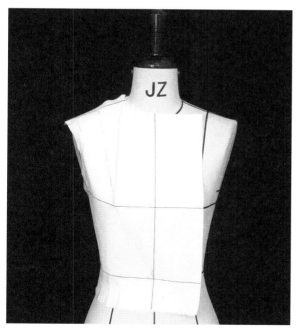

图2-36

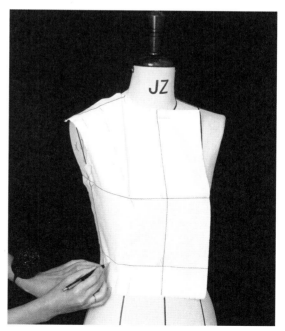

图2-37

（9）后片的制作同上衣原型后片的制作。

（10）进行描点和连线，平面整理做法同上衣原型的制作（图2-38）。

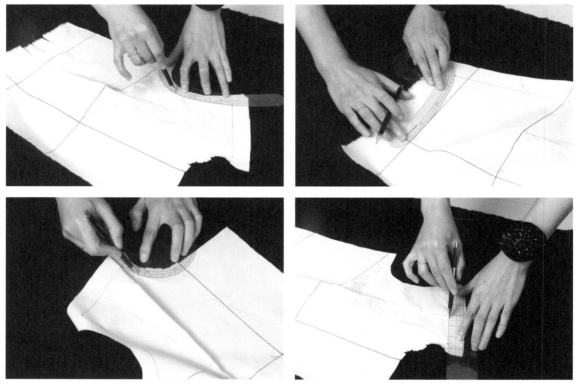

图2-38

（11）将前、后片进行拼合，假缝试样（图2-39）。

（12）将前、后片调整对称，完成制作（图2-40）。

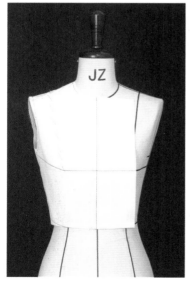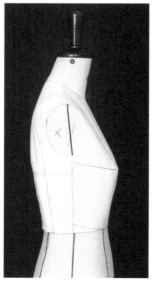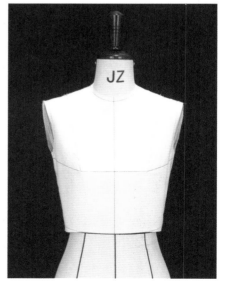

图2-39　　　　　　　　　　　　　　　　　　　　　　图2-40

2.1.3 领省转移

● 款式分析

在上衣原型的基础上，合并腰省及袖窿省并转移至领部，使省道从领窝弧线指向胸高点（图2-41）。

● 坯布准备

备布方法同肩省转移。坯布数据参考图2-42所示。

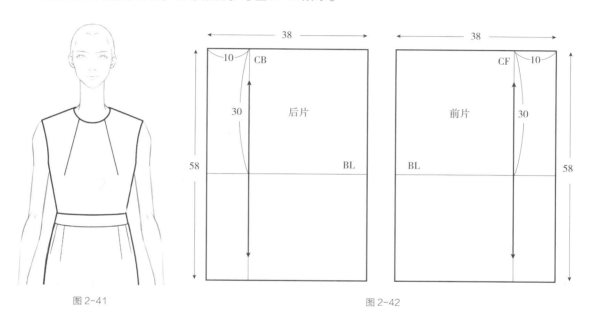

图2-41   图2-42

● 制作步骤

（1）将前衣身中心线、胸围线与人台标志线对齐，用大头针进行固定（图2-43）。

（2）将坯布向下翻折，在前中心线处打剪口，剪口剪至领围线上方（图2-44）。

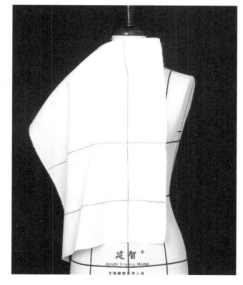

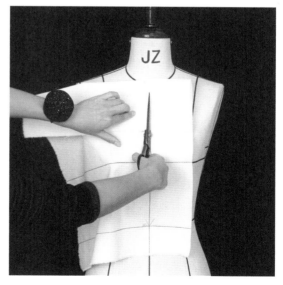

图2-43   图2-44

（3）在腰围线、前胸宽处留出适当松量，并将其余坯布向领围线方向推移（图2-45）。

（4）在领围线处形成领省，省尖指向胸高点（图2-46）。

（5）剪去领围线处多余的坯布，并在领围线处剪出剪口（图2-47）。

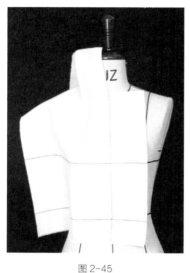
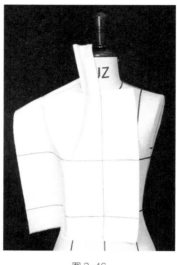
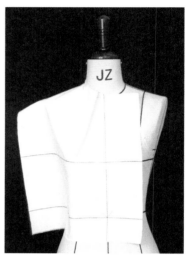

图2-45　　　　　　　　　　　图2-46　　　　　　　　　　　图2-47

（6）标记出肩线、侧缝线及袖窿弧线的位置，并将多余坯布剪去（图2-48）。

（7）对领窝弧线、领省位置、袖窿弧线、胸围线、腰节线位置进行标记（图2-49）。

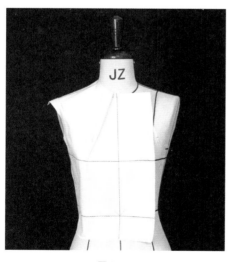

图2-48　　　　　　　　　　　　　　　　　图2-49

（8）后片的制作同上衣原型的后片制作。

（9）进行描点和连线，平面整理做法同上衣原型。

（10）将前、后片进行拼合，假缝试样（图2-50）。

（11）将前、后片调整对称，完成制作（图2-51）。

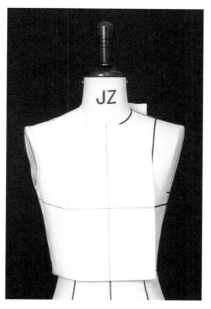
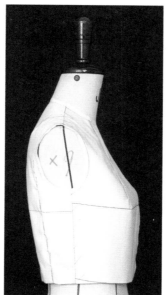

图 2-50

图 2-51

2.1.4　腋下省转移

● 款式分析

在上衣原型的基础上，合并腰省及袖窿省并转移至侧缝，使省道从侧缝线指向胸高点（图 2-52 ）。

● 坯布准备

备布方法同上衣原型。坯布数据参考图 2-53 所示。

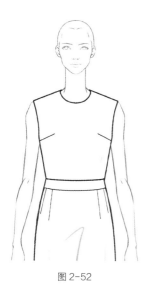

图 2-52

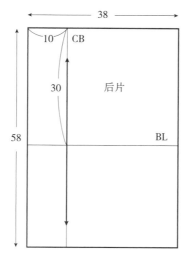
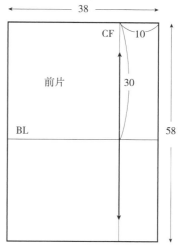

图 2-53

● 制作步骤

（1）将前衣身中心线、胸围线与人台标志线对齐，用大头针进行固定（图 2-54 ）。

（2）将坯布向下翻折，在前中心线处打剪口，剪口剪至领围线上方（图2-55）。

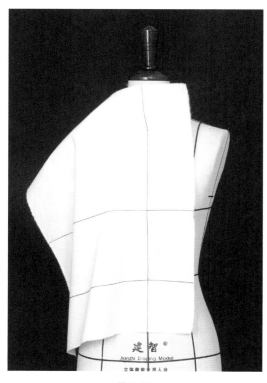

图2-54

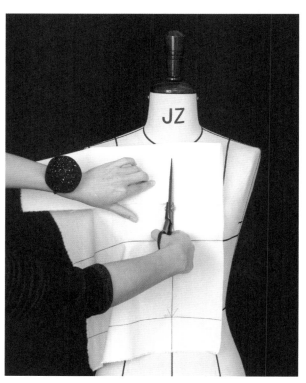

图2-55

（3）将领围线处的坯布向肩线方向推移平铺，并固定侧颈点（图2-56）。

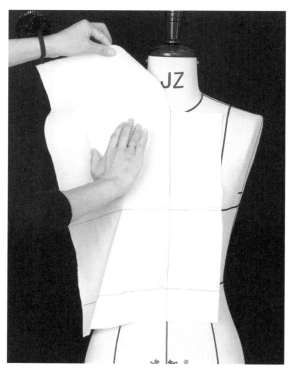

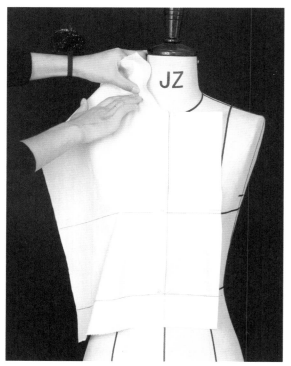

图2-56

（4）剪去领围线上多余的坯布，并在领围线上打出剪口，修剪出领窝弧线（图2-57）。

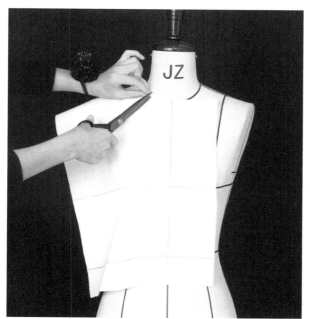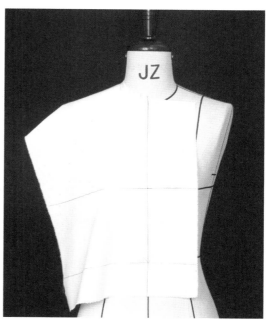

图2-57

（5）将肩部坯布向袖窿方向推移，在胸部保留一定放松量，在腋下位置捏出省道，并在腰围线处保留放松量（图2-58）。

（6）贴出肩线、侧缝线，用大头针标记出袖窿弧线（图2-59）。

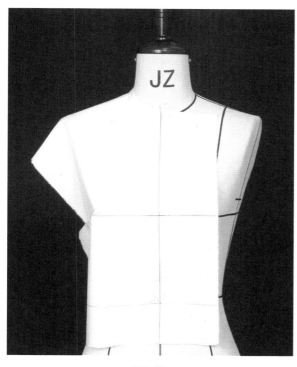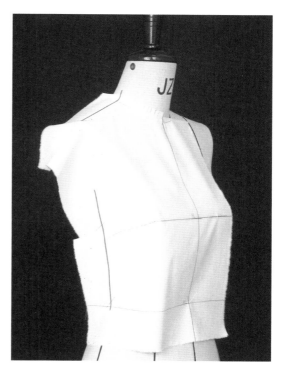

图2-58　　　　　　　　　　　　　　　　图2-59

（7）清剪多余坯布（图2-60）。

（8）后片的制作同上衣原型，并在侧缝、肩线处与前片别合。

（9）进行描点和连线，平面整理做法同上衣原型（图2-61）。

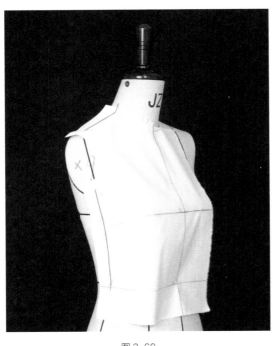

图2-60

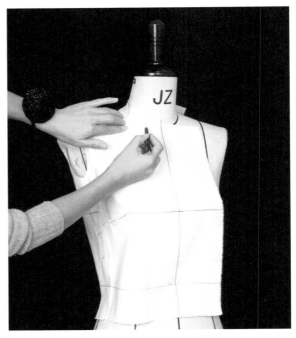

图2-61

（10）将前、后片进行拼合，假缝试样（图2-62）。

（11）将前、后片调整对称，完成制作（图2-63）。

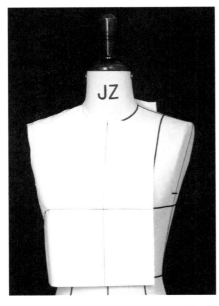

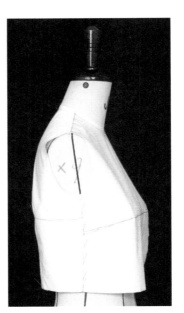

图2-62

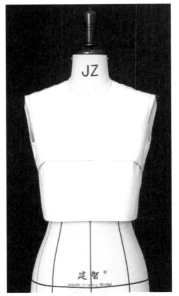

图2-63

2.1.5　腰省转移

● 款式分析

在上衣原型的基础上，合并腰省及袖窿省并转移至腰部，使省道从腰围线指向胸高点（图2-64）。

● 坯布准备

备布方法同上衣原型。坯布数据参考图2-65所示。

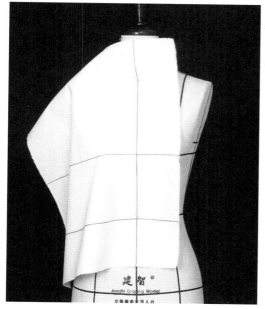

图2-64

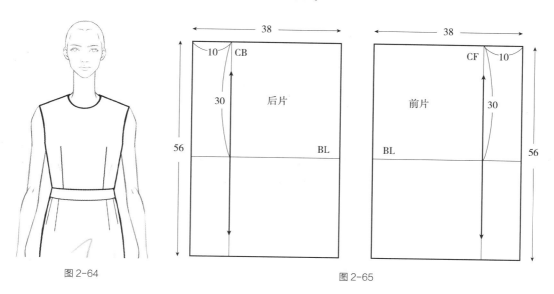

图2-65

● 制作步骤

（1）将前衣身中心线、胸围线与人台标志线对齐，用大头针进行固定（图2-66）。

（2）将坯布向下翻折，在前中心线处打剪口，剪口剪至领围线上方（图2-67）。

图2-66

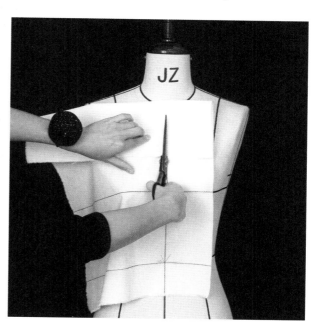

图2-67

（3）将领围线处的坯布向肩线方向推移平铺，并固定侧颈点（图2-68）。

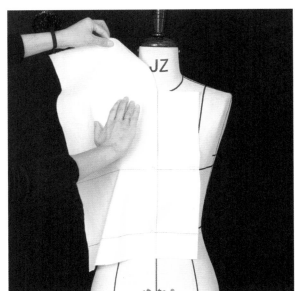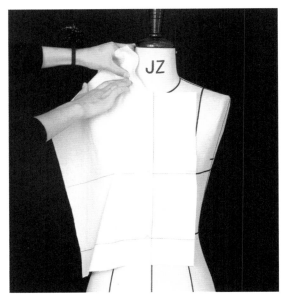

图2-68

（4）剪去领围线上多余的坯布，并在领围线上打出剪口，修剪出领窝弧线（图2-69）。

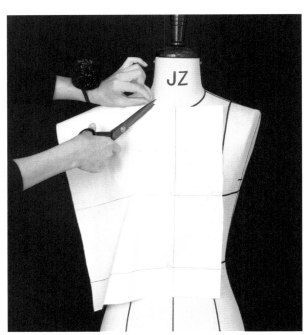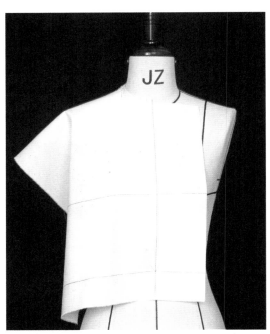

图2-69

（5）在胸部留出适当松量，将坯布推移至腰围线（图2-70）。

（6）在腰围处捏出腰省并保留适当松量，省道垂直于腰围线，省尖距离胸高点3~4cm（图2-71）。

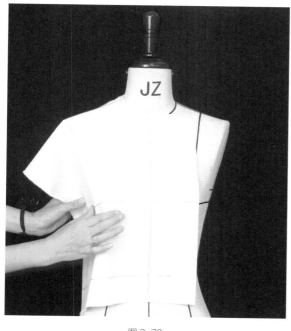

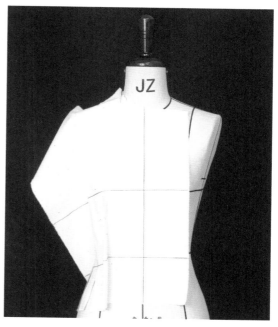

图2-70

图2-71

（7）对肩线、领围线、侧缝线进行点影，用大头针标记袖窿弧线，并剪去多余的坯布（图2-72）。

（8）后片的制作同上衣原型。

（9）对前、后片进行描点和连线，并进行平面整理，做法同上衣原型（图2-73）。

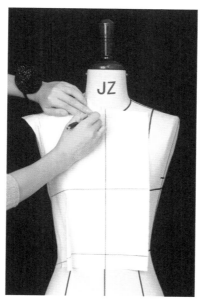

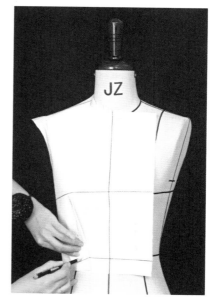

图2-72

图2-73

（10）将前、后片进行拼合，假缝试样（图2-74）。

（11）将前、后片调整对称，完成制作（图2-75）。

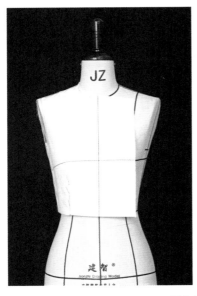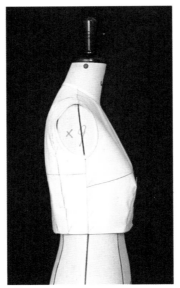

图 2-74   图 2-75

2.1.6　前中省转移

● 款式分析

在上衣原型的基础上，合并腰省及袖窿省并转移至腰部，使省道从前中心线指向胸高点（图 2-76）。

● 坯布准备

备布方法同上衣原型。坯布数据参考图 2-77 所示。

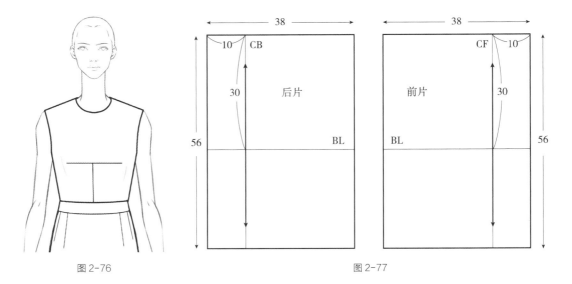

图 2-76   图 2-77

● 制作步骤

（1）将前衣身中心线、胸围线与人台标志线对齐，并用大头针进行固定（图 2-78）。

50

（2）将坯布向下翻折，在前中心线处打剪口，剪口剪至领围线上方（图2-79）。

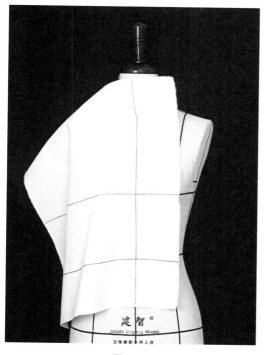

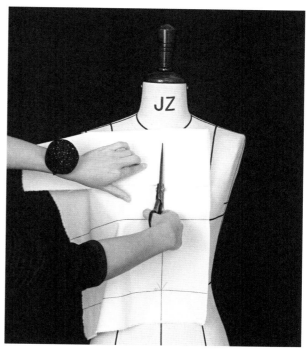

图2-78

图2-79

（3）将领围线处的坯布向肩线方向推移平铺，并固定侧颈点（图2-80）。

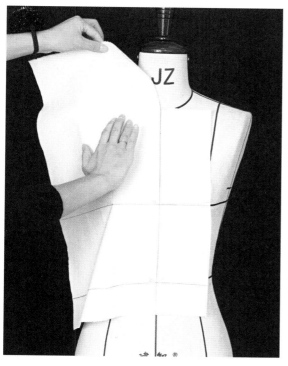

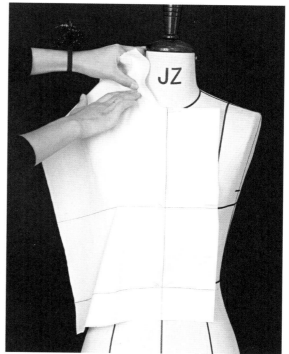

图2-80

（4）剪去领围线上多余的坯布，并在领围线上打出剪口，修剪出领窝弧线（图2-81）。

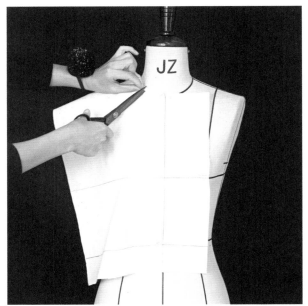
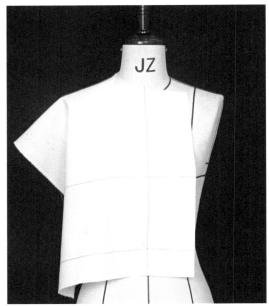

图2-81

（5）将多余的坯布量沿袖窿、侧缝向前中心线方向逆时针推移，并暂时固定侧缝线（图2-82）。

（6）将余量推至前中心线，在胸围线处保留松量，并捏出前中心省，省尖指向胸高点（图2-83）。

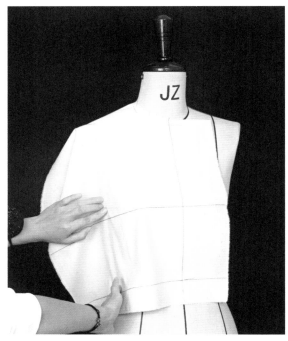

图2-82

图2-83

（7）在腰围线处保留松量，并剪出剪口（图2-84）。

（8）标记出肩线、侧缝线及袖窿弧线位置（图2-85）。

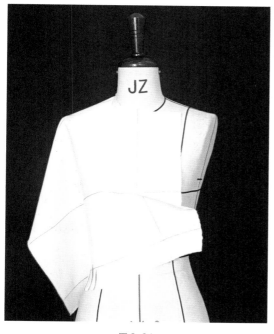
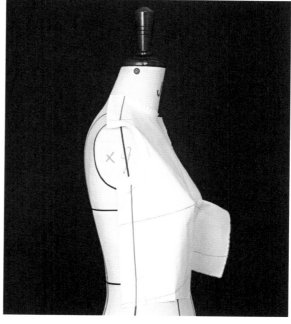

图2-84

图2-85

（9）后片的制作同上衣原型，并在侧缝处与前片别合。

（10）对前中心省、前中心线、袖窿弧线、领围线、腰围线进行点影（图2-86）。

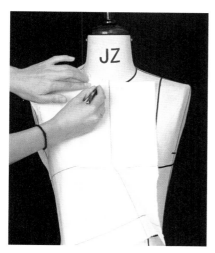
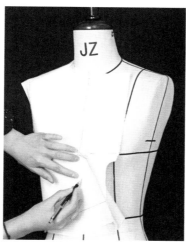
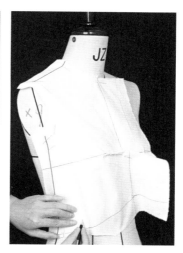

图2-86

（11）对前、后片进行描点和连线，并进行平面整理，做法同上衣原型。

（12）将前、后片进行拼合，假缝试样（图2-87）。

（13）将前、后片调整对称，完成制作（图2-88）。

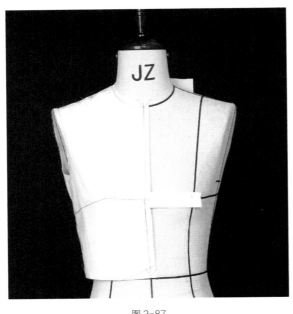

图 2-87

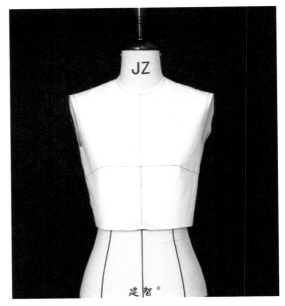

图 2-88

2.2 省道转移变化款式

2.2.1 肩部塔克

● 款式分析

在上衣原型的基础上，合并腰省及袖窿省并转移至肩部，将肩部的省道转换为褶裥（图 2-89）。

● 坯布准备

备布方法同肩省转移。坯布数据参考图 2-90 所示。

图 2-89

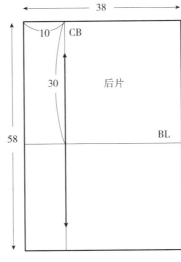

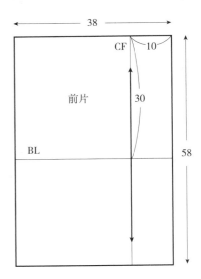

图 2-90

● 制作步骤

（1）将前衣身中心线、胸围线与人台标志线对齐，用大头针进行固定（图2-91）。

（2）将坯布向下翻折，在前中心线处打剪口，剪口剪至领围线上方（图2-92）。

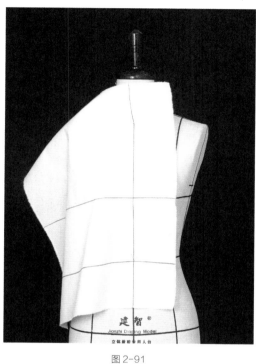

图2-91

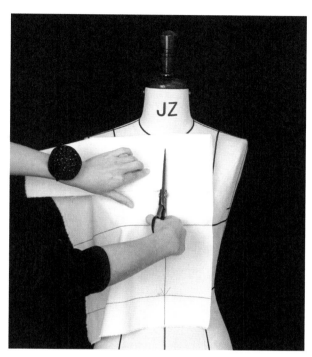

图2-92

（3）将领围线处的坯布向肩线方向推移平铺，并固定侧颈点（图2-93）。

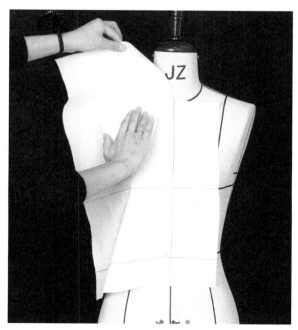

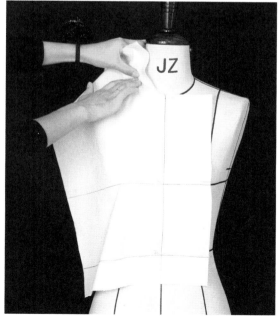

图2-93

（4）剪去领围线上多余的坯布，并在领围线上打出剪口（图2-94）。

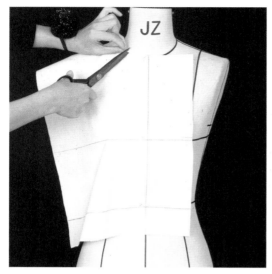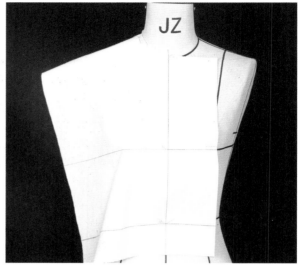

图2-94

（5）在腰围线处保留适当松量，将坯布向肩线方向推移，腰围线处打出剪口，并在前胸宽处留出松量，做出肩省量（图2-95）。

（6）将肩部省道量等分成两份，形成褶裥，确保款式造型美观、自然（图2-96）。

（7）在肩线、侧缝线处贴标志线，并剪去多余的坯布（图2-97）。

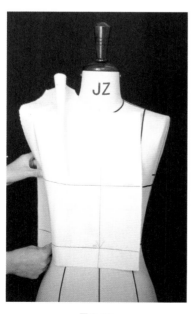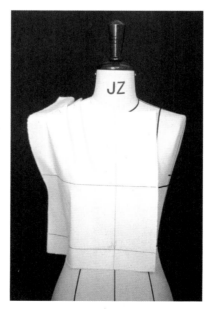

图2-95　　　　　　　　　图2-96　　　　　　　　　图2-97

（8）后片的制作同上衣原型。

（9）对领窝弧线、肩部褶裥、胸围线、腰围线的位置进行标记（图2-98）。

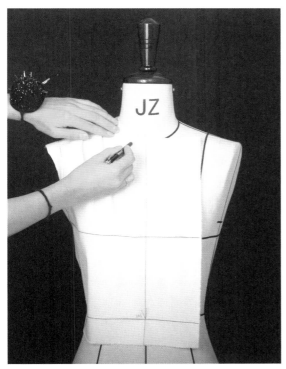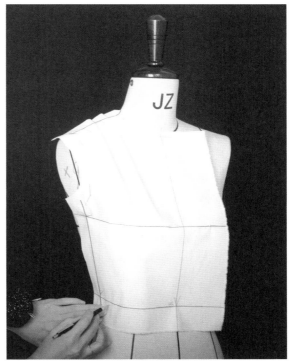

图 2-98

（10）对前、后片进行描点和连线，并进行平面整理，做法同上衣原型。

（11）将前、后片进行拼合，假缝试样（图 2-99）。

（12）将前、后片调整对称，完成制作（图 2-100）。

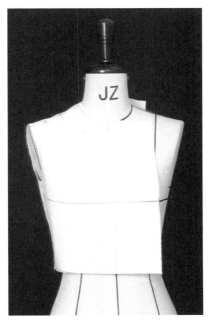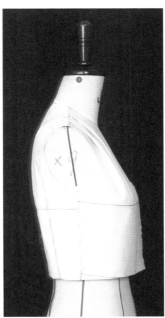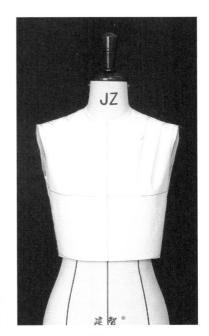

图 2-99   图 2-100

2.2.2 领围线抽褶

● 款式分析

在上衣原型的基础上，合并腰省及袖窿省并转移至领窝处，将领部的省道量做抽褶处理（图2-101）。

● 坯布准备

备布方法同领省转移。坯布数据参考图2-102所示。

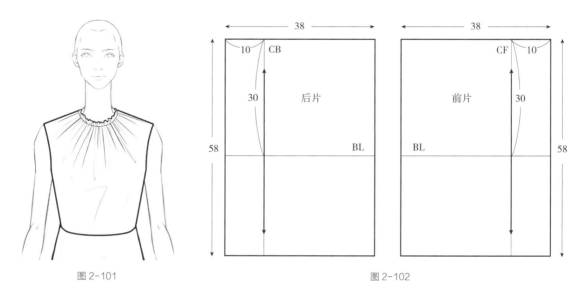

图 2-101

图 2-102

● 制作步骤

（1）将前衣身中心线、胸围线与人台标志线对齐，用大头针进行固定（图2-103）。

（2）将坯布向下翻折，在前中心线处打剪口，剪口剪至领围线上方（图2-104）。

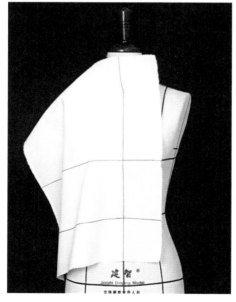

图 2-103

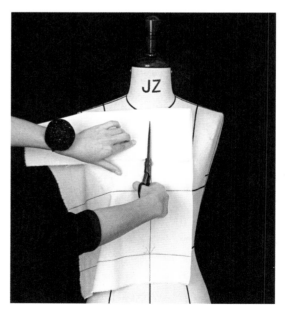

图 2-104

（3）在腰围线处留出适当松量，并将其余坯布向领围线方向推移（图2-105）。

（4）将坯布量均匀分散在领围线处形成碎褶，并用大头针进行临时固定（图2-106）。

（5）修剪领围线处多余坯布（图2-107）。

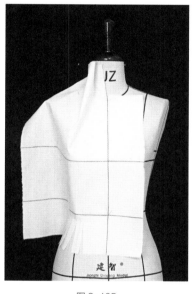  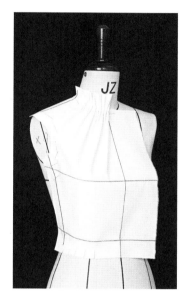

图 2-105　　　　　　　　　　图 2-106　　　　　　　　　　图 2-107

（6）标记出肩线、侧缝线及袖窿弧线的位置，并将多余坯布剪去（图2-108）。

（7）后片做法同上衣原型后片的制作。

（8）对领围弧线、袖窿弧线、胸围线、腰节线位置进行标记（图2-109）。

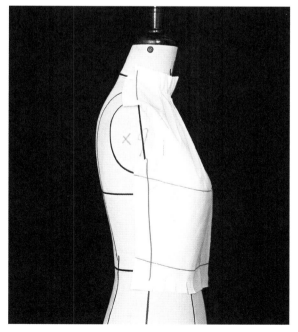 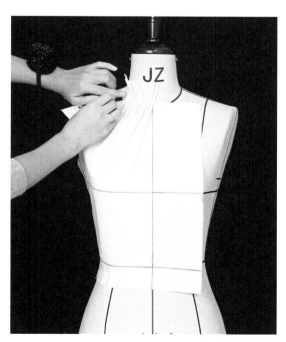

图 2-108　　　　　　　　　　　　　　　图 2-109

（9）对前、后片进行描点和连线，并进行平面整理，做法同上衣原型。

（10）将前、后片进行拼合，假缝制作（图2-110）。

（11）将前、后片调整对称，完成制作（图2-111）。

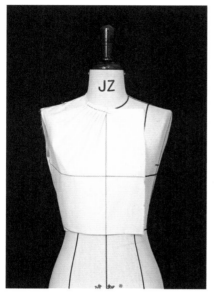

图2-110 图2-111

2.2.3　腰部交叉褶

● 款式分析

在上衣原型的基础上，合并腰省及袖窿省并转移至腰围线处，将腰部的省道量做交叉褶裥处理。由于本款式左右不对称，因此为左右两侧同时制作（图2-112）。

● 坯布准备

（1）使用中厚坯布并去除布边3cm，直接覆盖于人台进行估算。前、后片分开取布，注意长度方向为直丝，标记前、后中心线；宽度方向为横丝，标记胸围线、腰围线。确定前片长度时，以侧颈点向上4cm为起点，通过胸高点垂直向下量至腰围线，再向下4cm，并标记胸围线、腰围线位置。确定宽度时，前片宽度在满足人体前胸围量的基础上左右各向外放出6cm，并标记中心线位置。

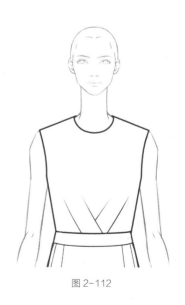

图2-112

（2）后片备布同上衣原型后片。

（3）沿着标记记号绘制布纹线，并整烫坯布，使丝缕归正。坯布数据参考图2-113所示。

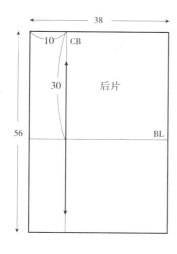
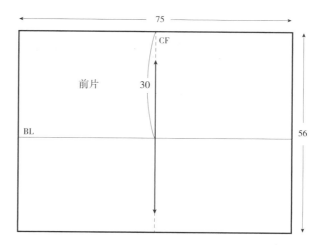

图2-113

● 制作步骤

（1）贴出款式造型线（图2-114）。

（2）将前衣身中心线、胸围线与人台标志线对齐，用大头针进行固定（图2-115）。

（3）将坯布向下翻折，在前中心线处打剪口，剪口剪至领围线上方（图2-116）。

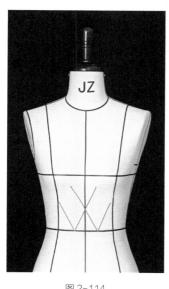

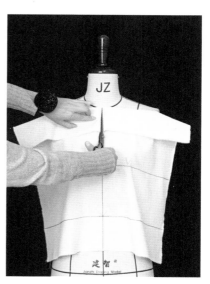

图2-114　　　　　　　　　　图2-115　　　　　　　　　　图2-116

（4）将领围线处的坯布向肩线方向推移平铺，固定侧颈点，并修剪出领围线（图2-117）。

（5）在胸部留出适当松量，并将多余坯布推向腰围线处，左右两侧同时进行（图2-118）。

（6）保持腰围线处适当松量，将右侧一部分坯布折向左侧A点，剩余坯布折向B点，形成右侧褶裥1和褶裥2造型，同时在腰围线处剪出剪口，确定褶裥位置及褶裥量，使两个褶裥造型保持平行且效果美观（图2-119）。

（7）左侧褶裥做法同右侧，褶裥方向与右侧相对称，确定褶裥位置及褶裥量（图2-120）。

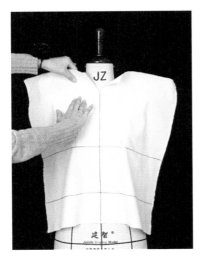 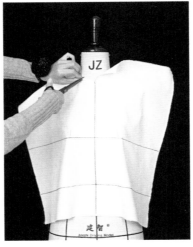 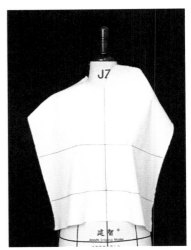

图 2-117

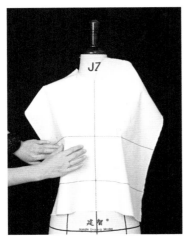

图 2-118

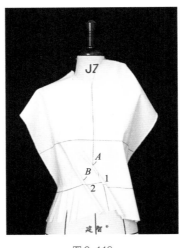

图 2-119

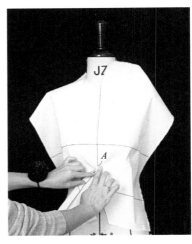

图 2-120

（8）释放褶裥，将右侧褶裥 1 与左侧褶裥 1 同时相对折起，在交点处确定右侧褶裥下方剪开线的位置及长度，并做标记。将此线剪开至褶裥交叉处，再将左侧褶裥叠压在下方，使两侧褶裥形成交叠。调整褶裥大小及位置，使其交叉于前中心线处，形成右压左的效果（图 2-121）。

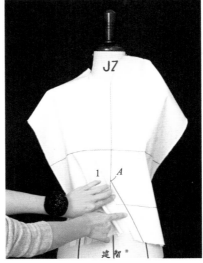 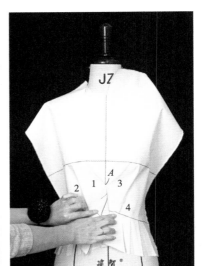

图 2-121

（9）右侧褶裥1延长至腰围线过程中与左侧褶裥2再次交叉，用同样方法确定左侧褶裥2下方的剪开线位置及长度，剪开此线至交叉点处，将右侧的褶裥1叠压在左侧褶裥2下方，形成左压右的效果（图2-122）。

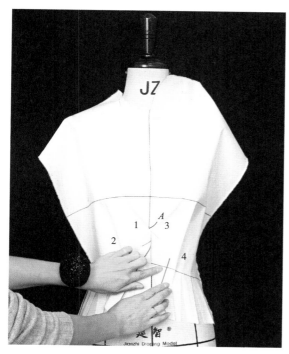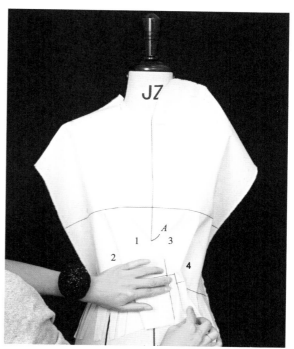

图2-122

（10）将右侧的褶裥2在腰围线处进行固定，使左右两侧褶裥均衡、美观（图2-123）。

（11）标记肩线、领围线、侧缝线和袖窿线，并将多余坯布剪去。人台左侧部分依据右侧进行平面拷贝绘制（图2-124）。

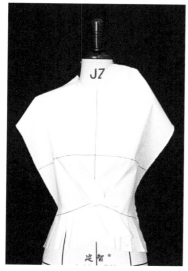

图2-123

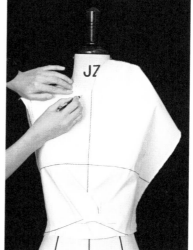

图2-124

（12）后片做法同上衣原型后片的制作。

（13）在平面整理过程中，需要特别注意标记褶裥交叠的位置以及腰围线处重叠的位置，其他做法同上衣原型，进行描点和标记线连接（图2-125）。

（14）将后片调整对称，并将前、后片进行拼合，完成制作。注意前片仅在腰围线处做固定，使褶裥呈现松弛、自然的状态（图2-126）。

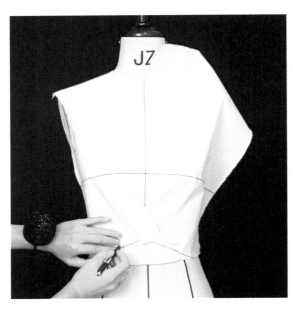
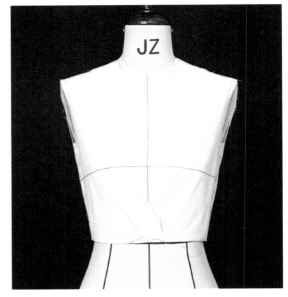

图2-125   图2-126

2.3　分割基本型

● 款式分析

分割基本型即分割原型，是完全覆盖于人体躯干（除四肢外）部分，以纵向分割构成塑造人体躯干轮廓的结构空间的服装款式。此款运用公主线分割构成，加入了人体活动必需的放松量，是连衣裙、外套的基本型，制作中需确保胸围线、腰围线、臀围线水平（图2-127）。

● 坯布准备

（1）使用中厚坯布并去除布边3cm，直接覆盖于人台上进行估算。前、后片同时取布，注意长度方向为直丝，标记前、后中心线与分片剪开线；宽度方向为横丝，标记胸围线、腰围线、臀围线。确定长度时，以侧颈点向上4cm为起点，通过胸高点垂直向下至人台躯体下沿，再向下4cm，并标记位置。确定宽度时，以前中心线向右10cm为起点，沿着胸围线水平向左量至公主线向外加放5cm确定剪开线位置，在此基础上放出

图2-127

5cm继续量至侧缝线后再向外放出4cm并确定剪开线位置，从此点放出4cm继续量至后片公主线向外5cm处确定剪开位置，从此点放出5cm继续沿着胸围线量至后中心线后再向外加放10cm，并标记位置。

（2）沿着标记记号绘制布纹线，并整烫坯布，使丝绺归正。坯布数据参考图2-128所示。

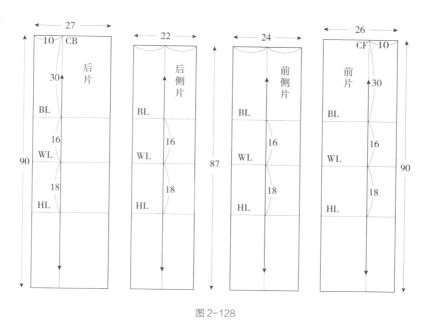

图2-128

● 制作步骤

（1）在人台的前侧面和后侧面贴出垂直线，作为纱向参照线（图2-129）。

（2）将前片固定在人台上，前中心线、胸围线、腰围线、臀围线与标志线对齐并固定（图2-130）。

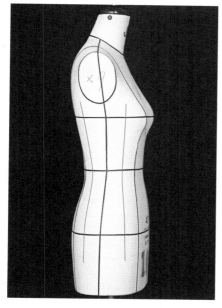

图2-129

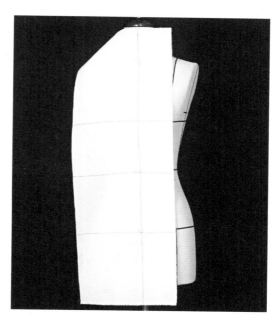

图2-130

（3）将坯布向下翻折，在前中心线处打剪口，剪口剪至领围线上方（图2-131）。

（4）将领围线处的坯布自下向上向肩线方向推移平铺，并固定侧颈点（图2-132）。

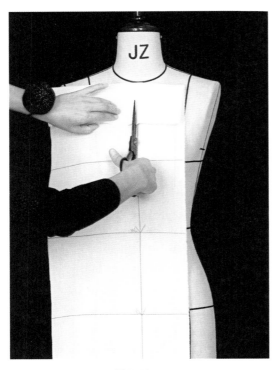
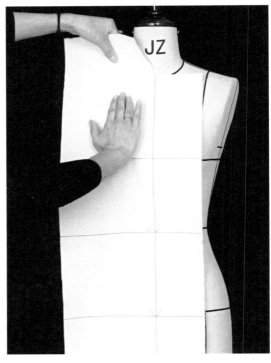

图2-131　　　　　　　　　　　　　　　　　　图2-132

（5）在领围线处剪出剪口，修剪出领围线（图2-133）。

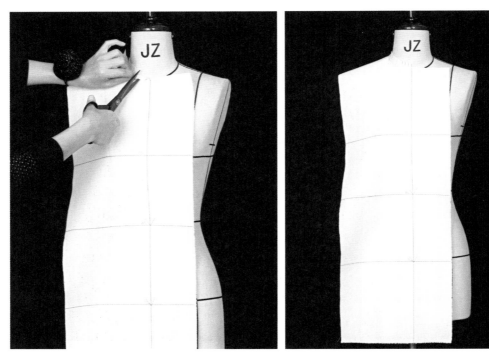

图2-133

（6）在胸围处留出适当放松量，并进行临时固定（图2-134）。

（7）为使坯布更加贴体，需在腰围线处打剪口，并用大头针进行临时固定（图2-135）。

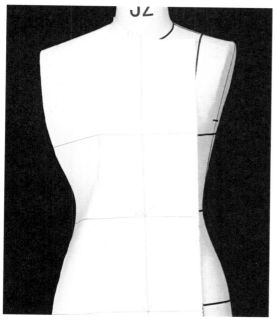

图2-134

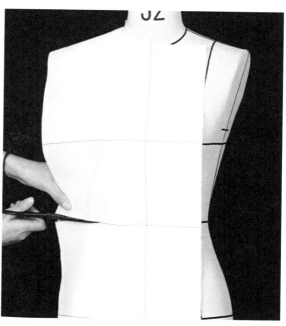

图2-135

（8）臀围处留出适当松量，并用大头针进行临时固定（图2-136）。

（9）沿着人台公主线，贴出标记线（图2-137）。

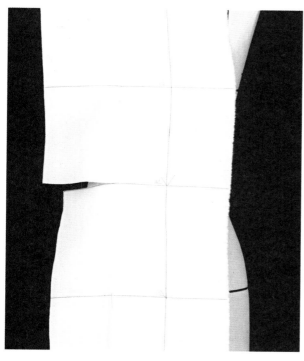

图2-136

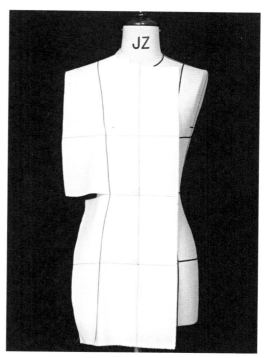

图2-137

（10）剪去多余坯布（图2-138）。

（11）在前侧片胸围及臀围处分别预留1cm松量，并标记纱向（图2-139）。

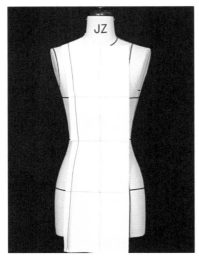

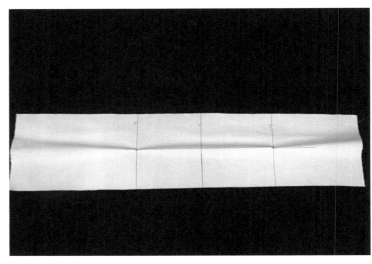

图2-138

图2-139

（12）将前侧片固定在人台上，胸围线、腰围线、臀围线与人台标志线对齐，坯布垂直纱向与人台侧面垂直线对齐（图2-140）。

（13）将前侧片坯布胸围线以上保持垂直，轻推至肩线（图2-141）。

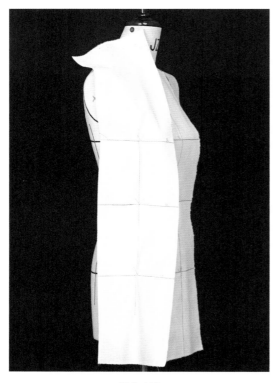

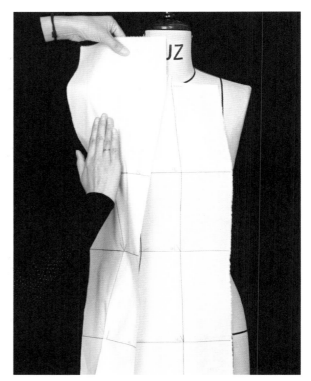

图2-140

图2-141

（14）将前侧片与前片在胸围线以上的部分沿公主线进行拼别，对齐胸围线（图2-142）。

（15）在前侧片的腰围线处打剪口，并与前片进行拼别，对齐腰围线（图2-143）。

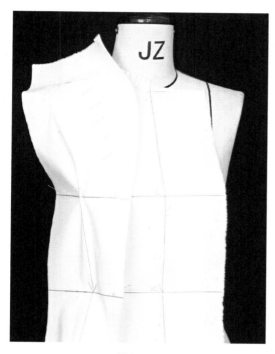

图2-142

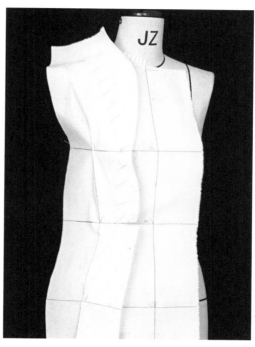

图2-143

（16）将前侧片腰围线以下的坯布与前片进行抓合，对齐臀围线，并剪去多余的坯布（图2-144）。

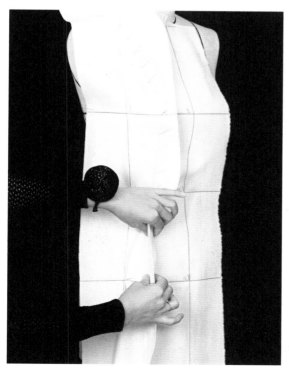

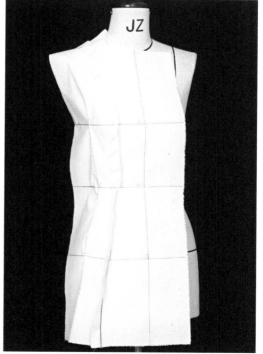

图2-144

（17）贴出侧缝线、肩线，用大头针标记袖窿弧线，并进行修剪（图2-145）。

（18）将后片固定于人台上，后中心线、胸围线、腰围线、臀围线与人台标志线对齐（图2-146）。

（19）修剪出后片领围线，方法同上衣原型，并与前片固定于侧颈点（图2-147）。

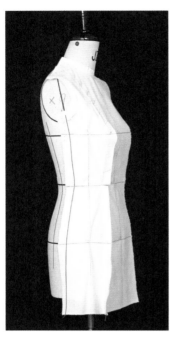
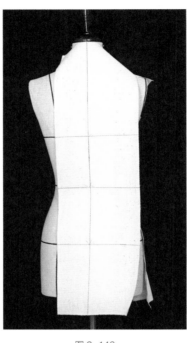
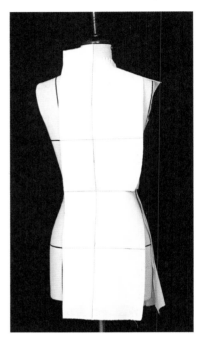

图2-145　　　　　　　　　　　图2-146　　　　　　　　　　　图2-147

（20）在腰围线处剪出剪口，在胸围及臀围处保留适当松量，并做临时固定，贴出后片公主线并进行修剪（图2-148）。

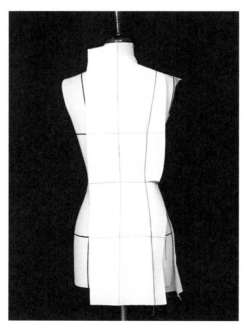
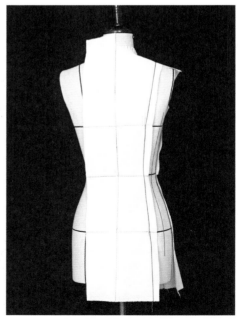

图2-148

（21）在后侧片胸围及臀围处预留1cm松量，方法同前侧片。

（22）将后侧片固定在人台上，胸围线、腰围线、臀围线与人台标志线对齐，坯布垂直纱向与人台侧面垂直线对齐（图2-149）。

（23）后侧片坯布胸围线以上保持垂直，轻推至肩线（图2-150）。

（24）将后侧片与后片在胸围线以上的部分沿公主线进行拼别，对齐胸围线（图2-151）。

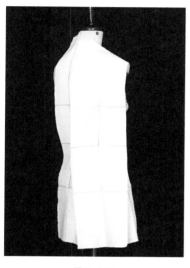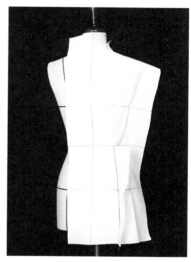

图2-149　　　　　　　　　　图2-150　　　　　　　　　　图2-151

（25）在后侧片腰围线处打剪口，并与后片进行拼别，对齐腰围线（图2-152）。

（26）后侧片腰围线以下的坯布与后片进行抓合，对齐臀围线，并清剪多余坯布。在肩线处留出适当松量（约一指），别合前后肩线、侧缝线，并修剪袖窿、侧缝及肩部坯布（图2-153）。

（27）依据款式要求确定衣长（图2-154）。

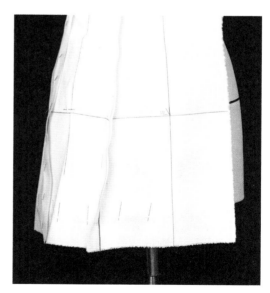

图2-152　　　　　　　　　　图2-153　　　　　　　　　　图2-154

（28）拆除所有临时固定的大头针，观察整体衣片，确认空间造型关系及平衡感，并进行调整，确保纱向垂直稳定（图2-155）。

（29）对前、后衣片领围线进行点影（图2-156）。

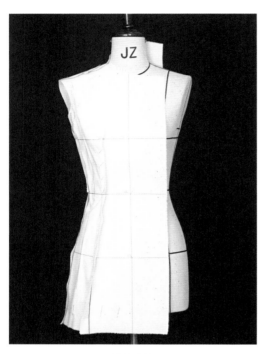
图 2-155

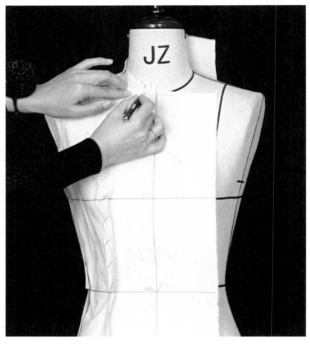
图 2-156

（30）将别合好的坯布从人台上取下，对分割线、侧缝线、肩线、袖窿弧线进行描点，标记对位记号（图2-157）。

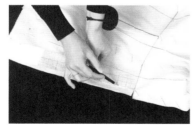

图 2-157

（31）依次去掉大头针，用尺子按照标记点进行连线，连线要求画圆顺（图2-158）。

（32）完成后依据缝份量进行修剪，再次用大头针进行假缝试样，观察整体布纹纱向有无倾斜，针对问题及时修正（图2-159）。

（33）将前、后各衣片调整对称，完成制作（图2-160）。

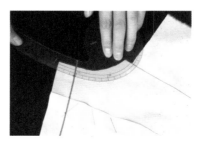
图 2-158

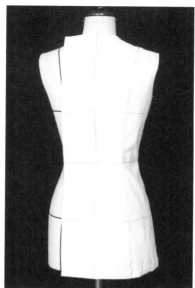
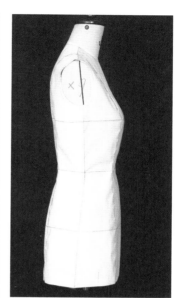

图 2-159

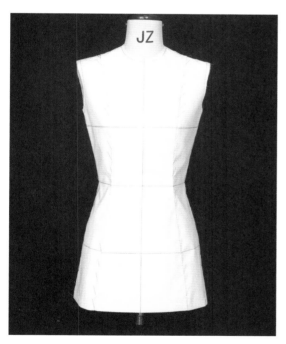
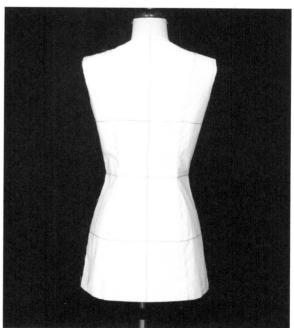

图 2-160

2.4 裙子的立体裁剪

2.4.1 裙原型

● 款式分析

裙原型是覆盖于人体腰围线以下肢体，呈直身轮廓的裙子基础型，需要保证身体活动的基本放松量。根据人体臀腰差，在前、后片各设置两个腰省，款式比较贴体，制作中需确保臀围线水平（图2-161）。

● 坯布准备

（1）使用中厚坯布并去除布边3cm，直接覆盖于人台上进行估算。前、后片同时取布，注意长度方向为直丝，标记前、后中心线与前、后片剪开线；宽度方向为横丝，标记腰围线、臀围线。确定长度时，以腰围线向上4cm为起点，沿前中心线通过臀围线垂直向下量至设计长度，再向下4cm。确定宽度时，以前中心线向右10cm为起点，沿着臀围线水平向左量至侧缝线，再向外加放4cm确定剪开线，在此基础上放出4cm继续水平向左量至后中心线向外加放10cm，并标记位置。

（2）沿着标记记号绘制布纹线，并整烫坯布，使丝缕归正。坯布数据参考图2-162所示。

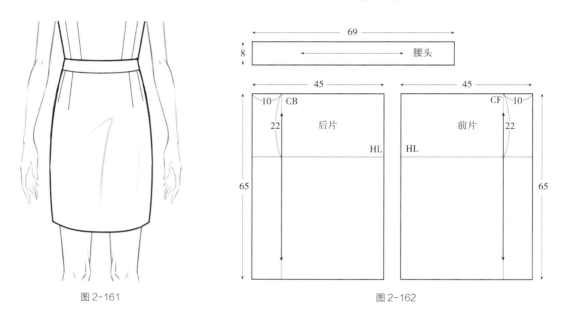

图2-161　　　　　　　　　　　　　　　　图2-162

● 制作步骤

（1）将前片坯布固定在人台上，使前中心线、腰围线、臀围线与人台标志线对齐（图2-163）。

（2）在臀围线处留出适当松量，与人台进行临时固定，保持臀围线水平（图2-164）。

（3）根据人体曲面特征将前片臀腰差的量分散于人体空间转折的位置及侧缝，为使造型更加匀称，在此设置两个省道（图2-165）。

（4）贴出侧缝线，剪去多余坯布（图2-166）。

（5）将后片坯布固定在人台上，使后中心线、腰围线、臀围线与人台标志线对齐（图2-167）。

（6）在后片臀围线处留出适当松量，与前片进行临时固定，并对齐臀围线（图2-168）。

（7）根据人体曲面特征将后片臀腰差的量分散于人体结构转折的位置及侧缝，为使造型更加均匀，在此设置两个省道（图2-169）。

（8）将前、后片沿侧缝线进行别合，保持臀围线以下的侧缝线竖直（图2-170）。

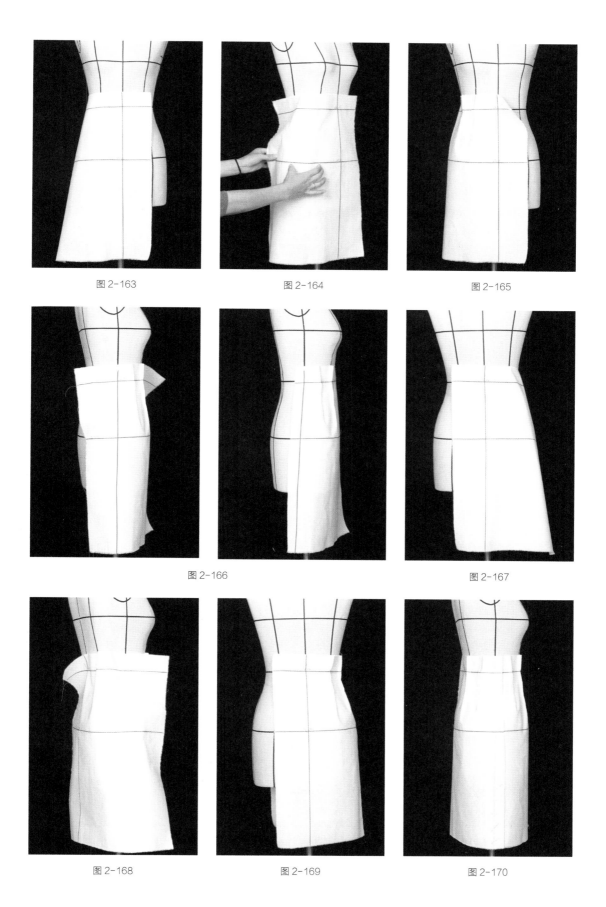

图 2-163   图 2-164   图 2-165

图 2-166   图 2-167

图 2-168   图 2-169   图 2-170

（9）拆除临时固定松量的大头针，观察整体造型及平衡，并进行调整，确保纱向垂直。

（10）依据款式要求确定裙长，对前、后片腰围线进行点影（图2-171）。

（11）将前、后片进行描点、连线，平面整理做法同上衣原型（图2-172）。

图2-171

图2-172

（12）将前、后片进行拼合，假缝试样，并绱腰头（图2-173）。

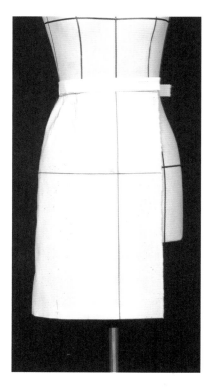

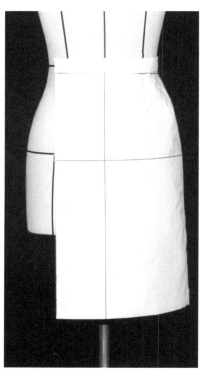

图2-173

（13）将前、后片调整对称，完成制作（图2-174）。

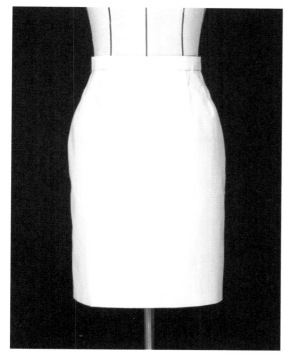

图2-174

2.4.2 波浪裙

● 款式分析

波浪裙是下摆呈波浪状的裙子。裙身上小下大，腰部合体无省道，裙摆松弛自然（图2-175）。

● 坯布准备

（1）使用中厚坯布并去除布边3cm，直接覆盖于人台上进行估算。前、后片分别取布，注意长度方向为直丝，标记前、后中心线，宽度方向为横丝。确定长度时，以腰围线向上10cm为起点，沿前中心线通过臀围线垂直向下量至设计长度。确定宽度时，以前中心线右侧10cm为起点，水平向左取布。宽度与长度相等，后片与前片等大。

（2）沿着标记记号绘制布纹线，并整烫坯布，使丝绺归正。坯布数据参考图2-176所示。

● 制作步骤

（1）在人台上确定裙身波浪的位置，用大头针做标记。将坯布的前中心线和人台标志线对齐，用大头针临时固定（图2-177）。

图2-175

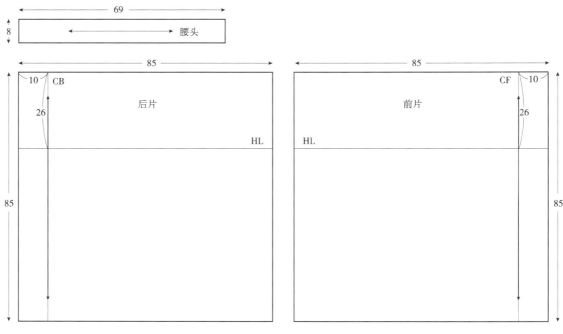

图 2-176

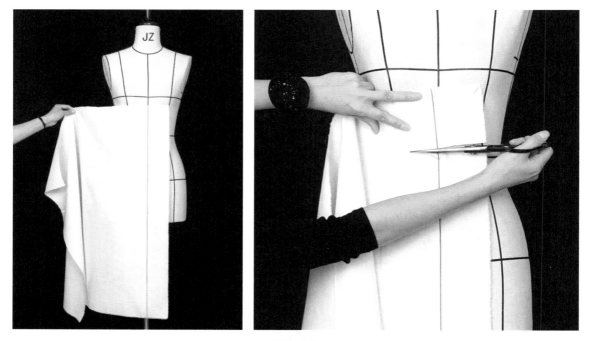

图 2-177

（2）在第一个波浪位置点将坯布与人台用大头针进行固定，先横向剪出剪口至此点，再垂直于腰围线剪出剪口（图 2-178）。

（3）依据款式要求将坯布逆时针向下旋转，形成第一个波浪，旋转的角度决定了波浪的大小（图 2-179）。

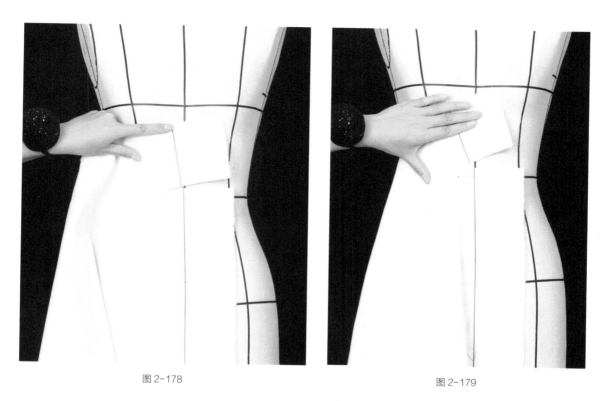

图 2-178   图 2-179

（4）沿着腰围线修剪至下一个波浪位置，垂直于腰围线打剪口，逆时针向下旋转坯布做出第二个波浪（图2-180）。

（5）对第三个波浪的位置进行确定，做出第三个波浪，方法同前（图2-181）。

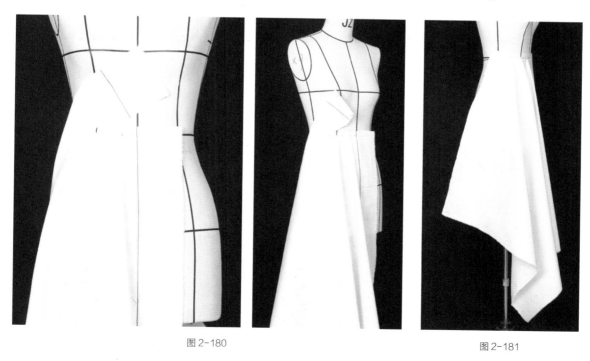

图 2-180   图 2-181

（6）剪出剪口，做出侧缝位置的波浪，贴出侧缝标志线位置，并剪去多余坯布（图2-182）。

（7）后片做法同前片（图2-183～图2-187）。

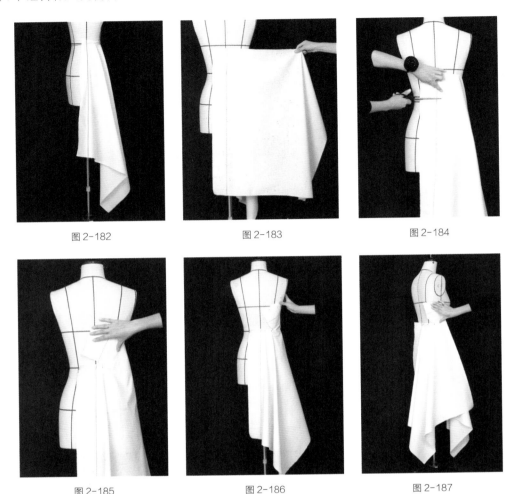

图2-182　　　　　　　　　图2-183　　　　　　　　　图2-184

图2-185　　　　　　　　　图2-186　　　　　　　　　图2-187

（8）将前、后片在侧缝处进行拼别（图2-188）。

（9）依据款式要求确定裙长，剪去多余的坯布（图2-189）。

图2-188　　　　　　　　　　　　　　　　图2-189

（10）对前、后片腰围线进行点影，假缝试样，并绱腰头（图2-190）。

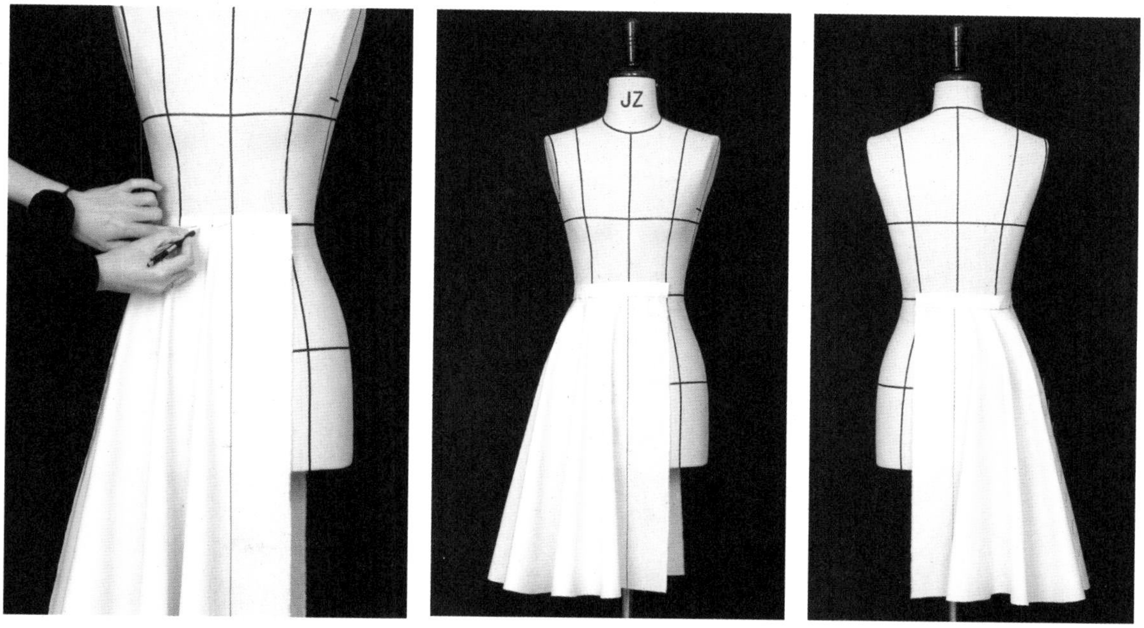

图2-190

（11）将前、后片调整对称，完成制作（图2-191）。

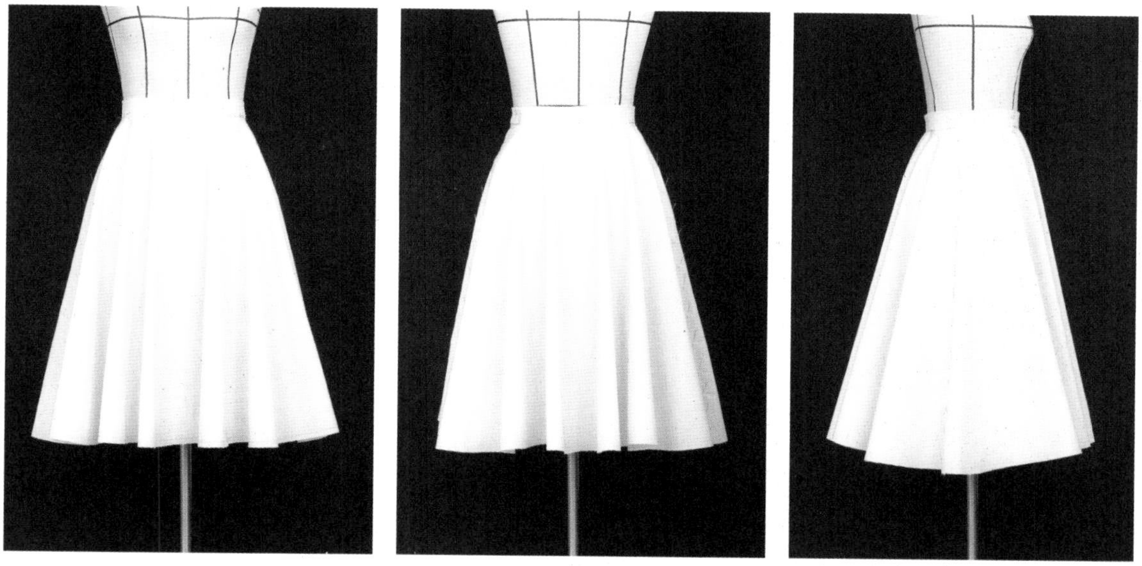

图2-191

下篇——应用篇

3 基本款式的立体裁剪

3.1 女衬衫

3.1.1 基础衬衫

● 款式分析

基础衬衫是在上衣原型的基础上加长衣身，另外加装了袖子和领子的款式。为了满足人体胸部结构特征，在前片设置腋下省。此处演示一片式翻折领（图3-1）和平翻领（图3-2）两种领型方案。

● 坯布准备

（1）衣身备布使用中厚坯布并去除布边3cm，直接覆盖于人台上进行估算。前、后片同时取布，注意长度方向为直丝，标记前、后中心线和胸宽线、背宽线以及前、后片剪开线；宽度方向为横丝，标记胸围线、腰围线、臀围线、肩背横线。

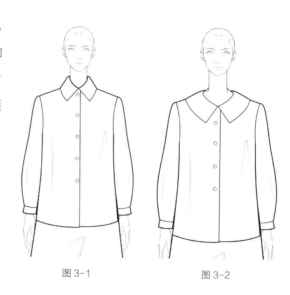

图3-1　　　　　　　　　图3-2

确定长度时，以侧颈点向上4cm为起点，通过胸高点垂直向下量至衣身设计长度，再向下4cm，标记位置。确定宽度时，以前中心线向右10cm为起点，沿着胸围线水平向左量至侧缝线再向外加放4cm确定剪开线，在此基础上放出4cm继续量至后中心线向外加放10cm，并标记位置。

（2）衣袖备布依据袖子的结构需要准备坯布，袖长为经向。

（3）衣领备布依据领子的结构需要准备坯布，领宽为经向，标记后中心线、基础辅助线。

（4）沿着标记记号绘制布纹线，并整烫坯布，使丝缕归正。坯布数据参考图3-3。

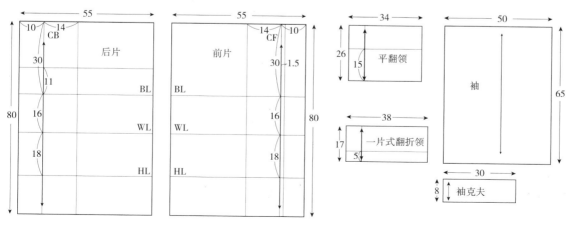

图3-3

● 制作步骤

（1）依据款式要求贴出门襟止口造型线；在前中心线处下降0.5cm，侧颈点向外0.5cm贴出领围线；后背贴出肩背横线（图3-4、图3-5）。

（2）将前衣身的中心线、胸围线、腰围线、臀围线与人台标志线对齐，用大头针进行固定（图3-6）。

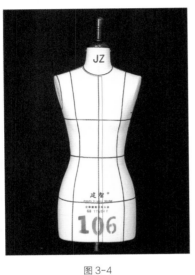

图3-4

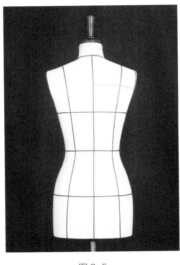

图3-5

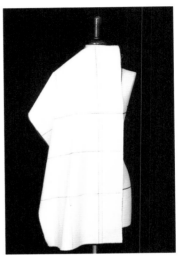

图3-6

（3）将坯布向下翻折，在前中心线处打剪口，剪口剪至领围线上方（图3-7）。

（4）将领围线处的坯布向肩线方向推移，并固定侧颈点（图3-8）。

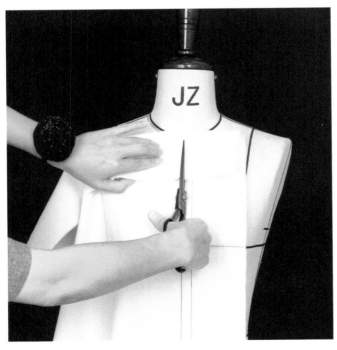

图3-7

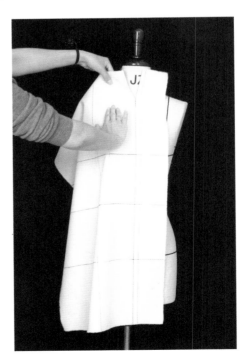

图3-8

（5）剪去领围线上多余的坯布，并在领围线上打剪口，修剪出领围线（图3-9）。

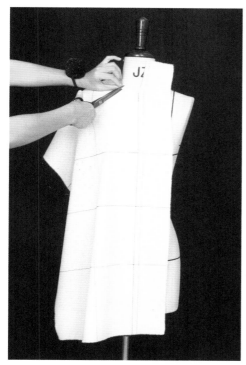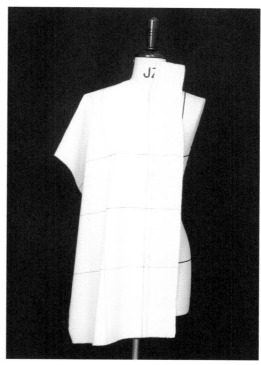

图3-9

（6）将肩部坯布向袖窿方向推移，在胸部、臀部保留一定放松量的同时，在腋下位置捏出省道，使得胸宽线保持竖直，以确保服装造型的平衡（图3-10）。

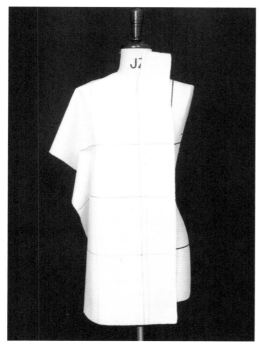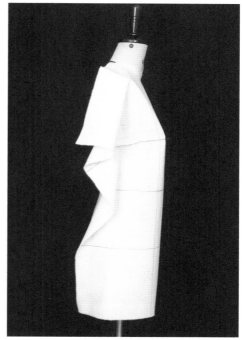

图3-10

（7）标记肩线、侧缝线和袖窿弧线，并剪去多余坯布（图3-11）。

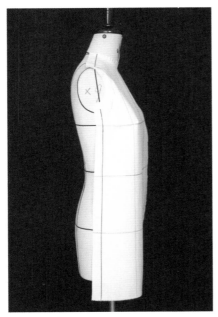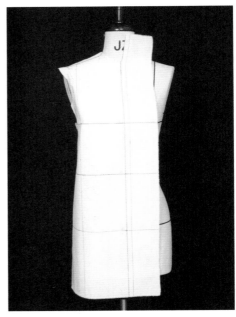

图 3-11

（8）将后衣身的中心线、胸围线、腰围线、臀围线、肩背横线与人台标志线对齐，并用大头针固定（图3-12）。

（9）在后中心线处打剪口，剪口剪至后领围线上方，将领围线处的坯布向肩线方向推移平铺，在侧颈点处与前片别合，剪出剪口，并修剪后领围线（图3-13）。

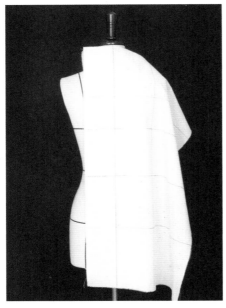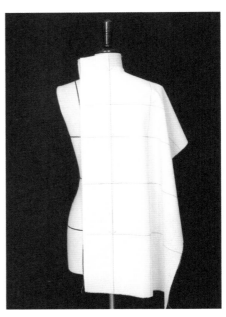

图 3-12 图 3-13

（10）在后背宽处留出适当松量以确保背宽线竖直，胸围线、臀围线保持水平并进行临时固定（图3-14）。

（11）保持肩背横线水平，将袖窿处多余的坯布向上推，形成后肩线吃势，保留肩部放松量，将前、后肩线别和，并剪去多余坯布（图3-15）。

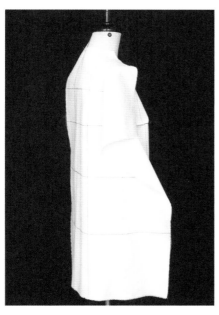 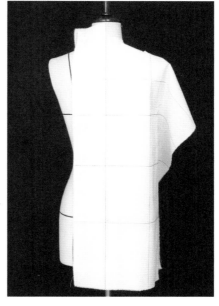

图3-14   图3-15

（12）后衣片腰围线、臀围线与前衣片对齐，将前、后片在侧缝线处别合（图3-16）。

（13）依据款式要求确定衣长（图3-17）。

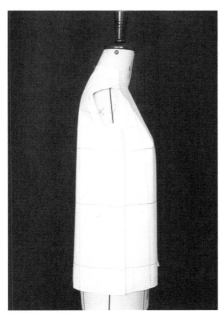 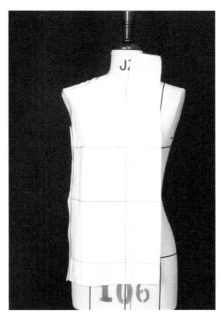

图3-16   图3-17

（14）拆除临时固定的大头针，观察整体衣片的造型及平衡，并进行调整，确保衣身纱向垂直。

（15）对前、后衣片进行描点、连线和平面整理（图3-18）。

（16）将衣身部分进行假缝试样（图3-19）。

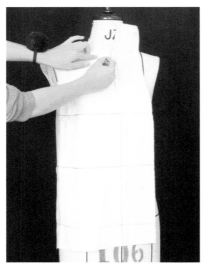 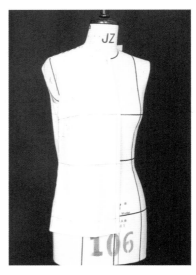

图3-18　　　　　　　　　　　　　图3-19

（17）领的制作：本案例制作了两种领型——一片式翻折领与平翻领。

①一片式翻折领：

a.将衣领坯布后中心线与衣片后中心线对齐，辅助线保持水平，并与领围线对齐（图3-20）。

b.从后中心线开始2.5cm处，将领子的辅助线与领围线水平别合，根据领子造型结构变化原理，翻领的装领线是向下偏离辅助线，制作中需一边向前转领片，一边在坯布上剪出剪口，并与领围线进行别合直至前中心线处，注意别合线要向下偏离辅助线（图3-21）。

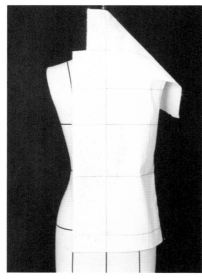 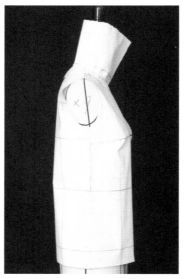 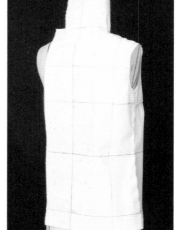

图3-20　　　　　　　　　　　　　图3-21

c. 在后中心线处确定领座高和领宽，一边观察装领线一边找出翻折线，在颈部需保留适当的松量（约一指），同时应确保领子空间造型的和谐美观，并在领外口打剪口，确定领面宽度（图3-22）。

d. 用标记带贴出领面造型，并剪去多余坯布（图3-23）。

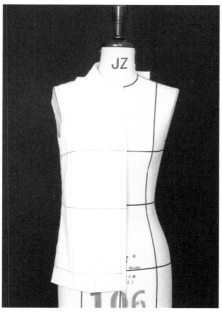 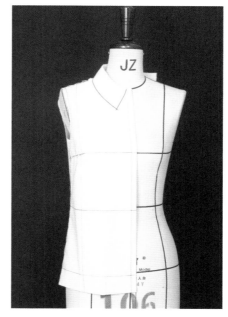

图 3-22   图 3-23

e. 对装领线进行点影，并完成描点、连线以及平面整理（图3-24）。

f. 对一片式翻折领进行假缝试样（图3-25）。

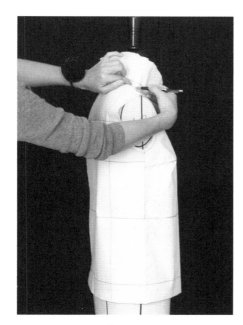 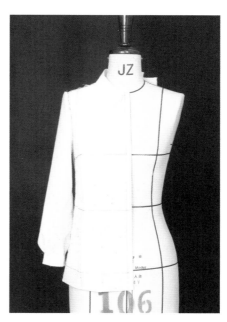

图 3-24   图 3-25

②平翻领的制作：

a.将衣领坯布后中心线与衣片后中心线对齐，辅助线保持水平，并与领围线对齐，预留出1cm倒伏量，用大头针固定（图3-26）。

b.将坯布用拇指压住，推向侧颈点，保持领面平整，别合领子和领围线，剪去多余坯布（图3-27）。

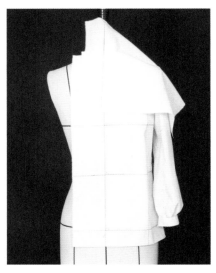
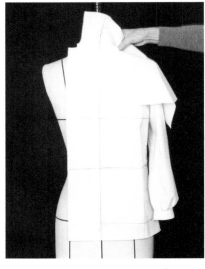

图3-26　　　　　　　　　　　　　　　　图3-27

c.保持倒伏量不变，一边转一边别合衣领和装领线，直至前中心线处，将领外口坯布向外折起，以保证领片平整（图3-28）。

d.对外领口进行造型调整，并剪开剪口，保证领子的后中心线与衣片的后中心线对齐（图3-29）。

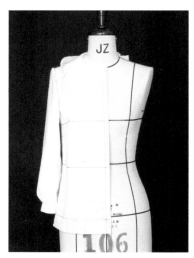
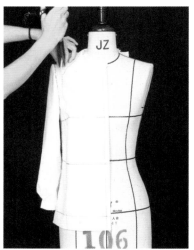
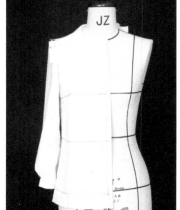

图3-28　　　　　　　　　　　　　　　　　　　　　　　　图3-29

e.确定外领口造型线，用标志线贴出外领口弧线造型，并剪去多余坯布（图3-30）。

f.对装领线进行点影，并完成描点、连线以及平面整理（图3-31）。

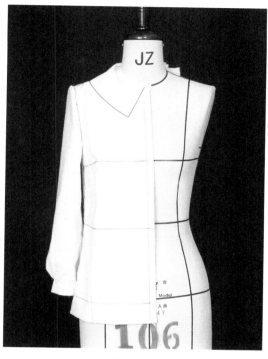

图3-30　　　　　　　　　　　　　　　　　　图3-31

g.对平翻领进行假缝试样（图3-32）。

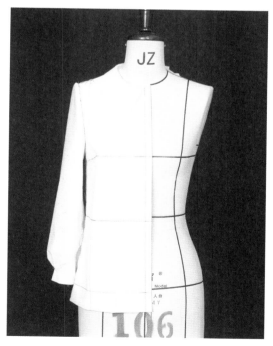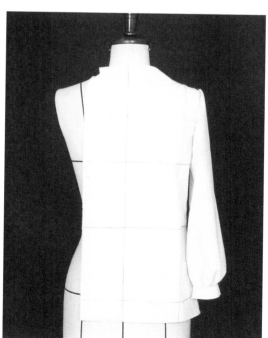

图3-32

（18）袖子用平面裁剪的方法完成。可参照上衣原型袖的平面结构制图方法进行平面绘制（图3-33）。

（19）在准备的坯布上描出衣袖，进行裁剪，并别合袖底缝。

（20）将袖底和衣片袖窿底处进行固定（图3-34）。

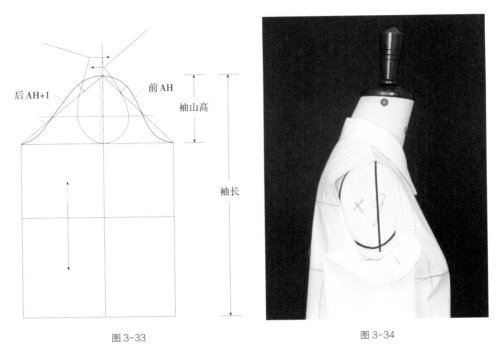

图3-33

图3-34

（21）运用拱针法沿袖山线进行平缝，对袖窿上的吃势量进行合理分配，用藏针法将袖山吃势量逐量与衣身别合，使得袖山造型更加饱满、平衡（图3-35）。

（22）对袖口进行抽褶处理，并安装袖克夫（图3-36）。

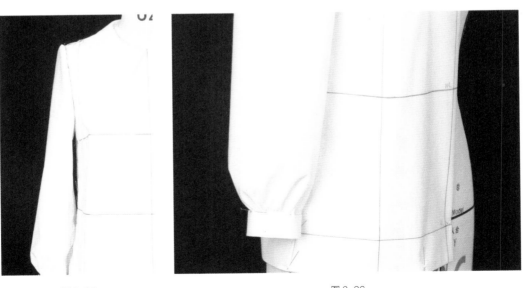

图3-35

图3-36

（23）将前、后衣片和袖子、一片式翻折领调整对称，完成制作（图3-37）。

（24）将前、后衣片和袖子、平翻领调整对称，完成制作（图3-38）。

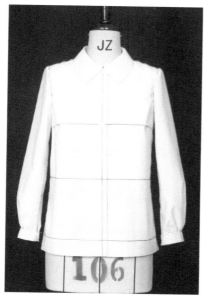
图 3-37

图 3-38

3.1.2　休闲衬衫

● 款式分析

休闲衬衫是衣身加入了较大的松量，肩线呈落肩结构，装有育克，衣领为男式衬衫领（翻立领）的衬衫款式（图3-39）。

● 坯布准备

（1）衣身备布使用中厚坯布并去除布边3cm，直接覆盖于人台上进行估算。前、后片同时取布，注意长度方向为直丝，标记前、后中心线和胸宽线、背宽线以及前、后片剪开线；宽度方向为横丝，标记胸围线、腰围线、臀围线、肩背横线。确定长度时，以前育克分割线向上4cm为起点，通过胸高点垂直向下量至衣身设计长度，再向下4cm，并标记位置。确定宽度时，以前中心线向右10cm为起点，沿着胸围线水平向左量至侧缝线再向外加放6cm确定剪开线，在此基础上放出6cm继续水平向左量至后中心线再向外加放10cm，并标记位置。

图 3-39

（2）育克备布直接覆盖于人台上进行估算，依据育克所需长度两边各放出4cm；确定宽度时，以后中心线向左10cm为起点，水平向右量取后背宽度再向外加放4cm，长度为经向。

（3）衣袖备布依据袖子的结构需要准备坯布，袖长为经向。

（4）衣领备布依据领子的结构需要准备坯布，领宽为经向，标记后中心线、基础辅助线位置。

（5）沿着标记记号绘制布纹线，并整烫坯布，使丝缕归正。坯布数据参考图3-40所示。

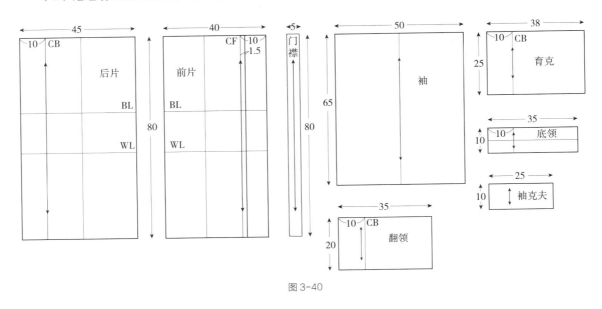

图3-40

● 制作步骤

（1）依据款式要求贴出门襟止口造型线；在前中心线处下降1cm，后中心线处抬高0.5cm，贴出领围线；贴出育克分割线（图3-41）。

（2）将前衣身的中心线、胸围线、臀围线与人台标志线对齐，用大头针进行固定（图3-42）。

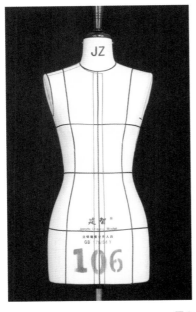
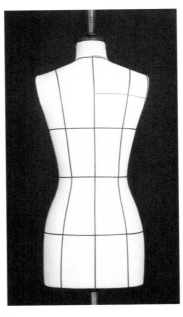
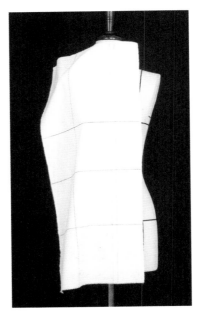

图3-41   图3-42

（3）在前中心线处打剪口，剪口剪至领围线上方，将领围线处的坯布向肩线方向推移平铺，固定侧颈点，并修剪出领围线（图3-43）。

（4）胸围线保持水平，在胸围线处保留足够的松量，同时保持胸宽线竖直（图3-44）。

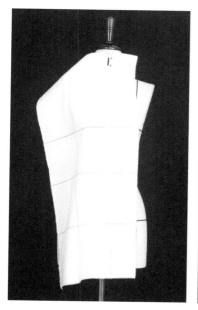 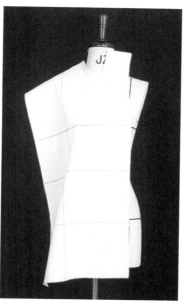 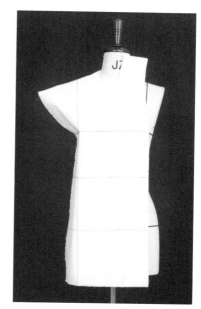

图3-43   图3-44

（5）贴出前育克分割线及侧缝线，并剪去多余的坯布，用大头针标记出袖窿弧线（图3-45）。

（6）将育克坯布的后中心线和辅助线与人台后中心线、后背宽线对齐（图3-46）。

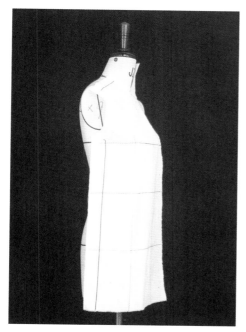 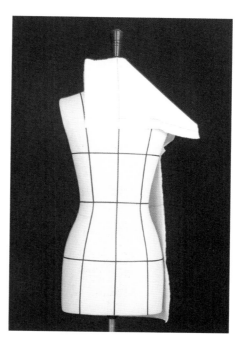

图3-45   图3-46

（7）从后中心线处向下剪开，剪口剪至领围线上方，沿领围线打剪口，并修剪多余的坯布，使育克坯布平铺于肩部，肩头留出约一指的活动量（图3-47）。

（8）沿育克分割线别合前衣片和育克，并进行修剪。

（9）沿肩背横线，标记育克分割线，剪去多余的坯布（图3-48）。

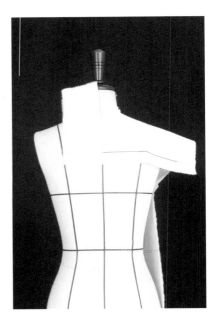

图3-47   图3-48

（10）将后衣身的中心线、胸围线、臀围线与人台标志线对齐，用大头针固定（图3-49）。

（11）将后衣片与育克沿肩背横线别合，需要保持胸围线水平，背宽线竖直（图3-50）。

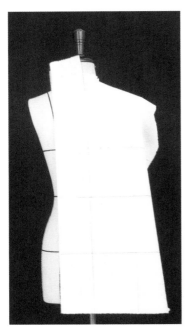
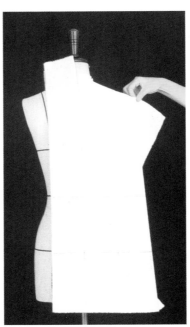
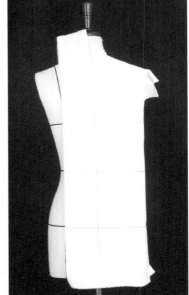

图3-49   图3-50

（12）将前、后衣片沿侧缝线别合，对齐胸围线、腰围线、臀围线，用大头针标记袖窿弧线，并剪去多余的坯布（图3-51）。

（13）贴出前、后衣片下摆造型线，将多余坯布清剪（图3-52）。

（14）对前、后衣片进行点影（图3-53）。

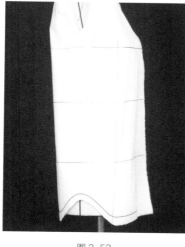

图3-51   图3-52   图3-53

（15）门襟单独裁剪并与前片别合。

（16）对衣身部分进行描点、连线、平面整理，并假缝试样。

（17）将底领坯布的后中心线与衣片后中心线对齐，辅助线保持水平，并与领围线对齐（图3-54）。

（18）从后中心线开始2.5cm处，将底领的辅助线与领围线水平别合，根据领子造型结构变化原理，立领的装领线是向上偏离辅助线的，所以制作中需要一边向前转动领片，一边在坯布上剪出剪口，并与领围线进行别合直至门襟止口处。注意别合线要向上偏离辅助线（图3-55）。

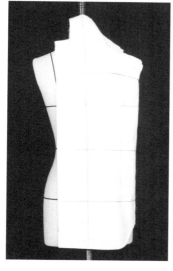
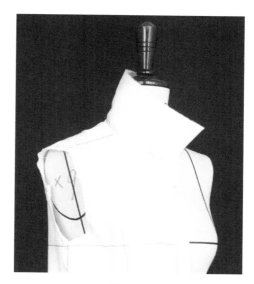

图3-54   图3-55

（19）贴出底领造型线，剪去多余的坯布。在操作过程中，注意保持底领与颈部之间的空间造型关系（图3-56）。

（20）对底领装领线进行点影，并进行平面整理，确认底领造型并安装到衣身上（图3-57）。

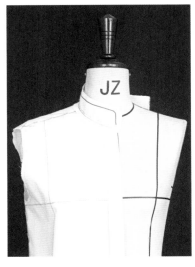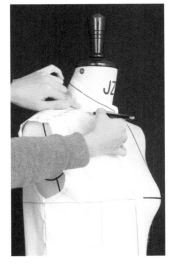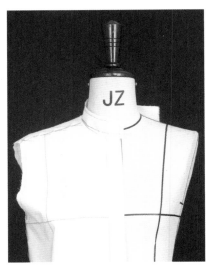

图3-56　　　　　　　　　　　　　　　　　　图3-57

（21）将翻领坯布的后中心线与底领的后中心线对齐，辅助线保持水平，并进行固定（图3-58）。

（22）从后中心线开始2.5cm处，将翻领的辅助线与底领水平别合。根据领子造型结构变化原理，翻领的装领线是向下偏离辅助线的，所以在制作中需要一边向前转动领片，一边在坯布上剪出剪口，并与底领进行别合直至前中心线处，注意别合线向下偏离辅助线（图3-59）。

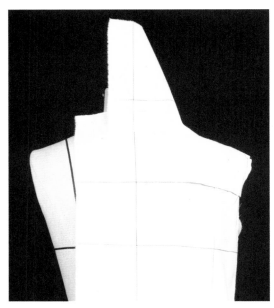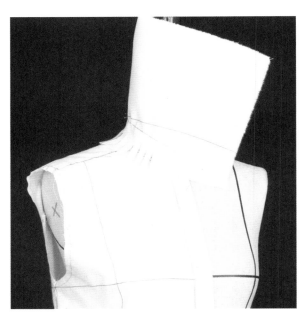

图3-58　　　　　　　　　　　　　　　　　　图3-59

（23）将坯布沿别合线向下翻折，将领外口向外翻折，以确定领面宽度，剪开剪口，使领面平整。用标志线贴出领面造型线，确定底领与翻领之间的空间造型关系，并进行修剪（图3-60）。

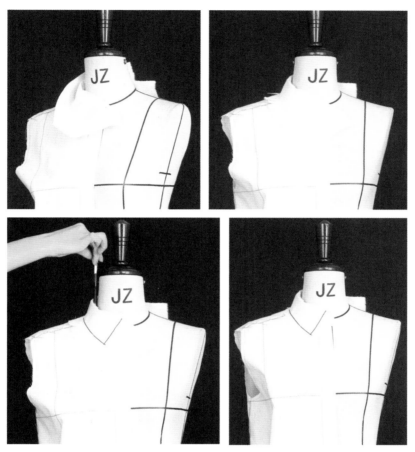

图3-60

（24）对翻领进行点影，并完成平面整理后，假缝试样（图3-61）。

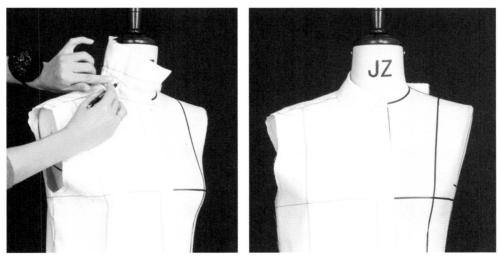

图3-61

（25）袖子用平面裁剪的方法完成。可参照男式衬衫袖子的平面结构制图方法进行平面绘制，然后和衣身进行组装，组装方法同基础衬衫袖子的安装方法一致（图3-62）。

（26）将衣身、领子、袖子、袖克夫组装完成，并假缝试样（图3-63）。

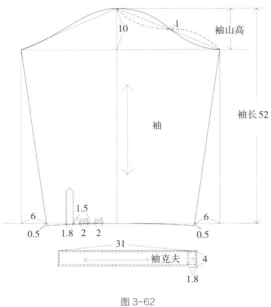

图3-62

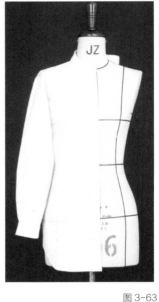

图3-63

（27）将前、后衣片和育克、袖子、领子调整对称，完成制作（图3-64）。

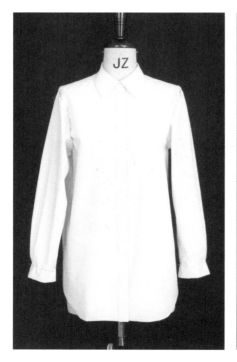

图3-64

3.2 裙子

3.2.1 腰省小 A 裙

● 款式分析

腰省小A裙是直裙中较为常见的裙型。此款式基于裙原型进行省道转移，将原型中的一个省道转移到裙摆处，使裙摆比裙原型的裙摆大，比波浪裙的裙摆小，而保留另一个省道。裙摆的大小由省道量决定（图3-65）。

● 坯布准备

（1）小A裙备布使用中厚白坯布并去除布边3cm，直接覆盖于人台上进行估算。前、后片同时取布，注意长度方向为直丝，标记前、后中心线和前、后片剪开线；宽度方向为横丝，标记腰围线、臀围线。确定长度时，以腰围线向上4cm为起点，沿前中心线通过臀围线垂直向下量至裙子设计长度，再向下4cm。确定宽度时，以前中心线向右10cm为起点，沿着臀围线水平向左量至侧缝线，再向外加放8cm确定剪开线，在此基础上放出8cm继续水平向左量至后中心线再向外加放10cm，并标记位置。

（2）沿着标记记号绘制布纹线，并整烫坯布，使丝绺归正。坯布数据参考图3-66所示。

图 3-65

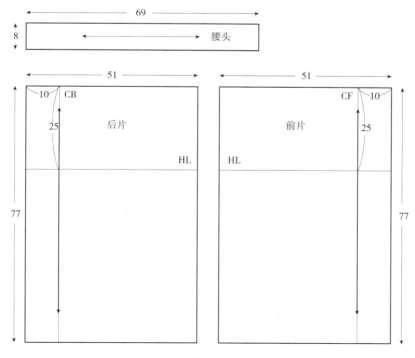

图 3-66

● 制作步骤

（1）将前片坯布固定在人台上，使前中心线、腰围线、臀围线与人台标志线对齐（图3-67）。

（2）铺平腰臀部的坯布，使侧缝线自然倾斜，观察裙摆波浪量及臀腰差，确定腰省大小及位置，应注意裙摆的大小取决于省道量的大小，省道量越大裙摆越小（图3-68）。

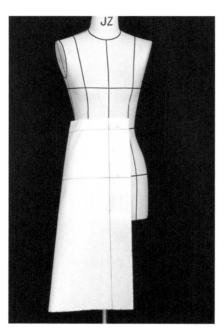

图 3-67

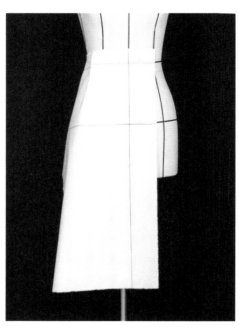

图 3-68

（3）在臀围处保留适当松量，保持裙身的平衡感，贴出侧缝线，并将多余坯布剪去（图3-69）。

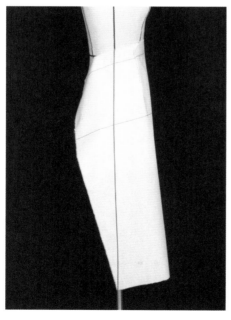

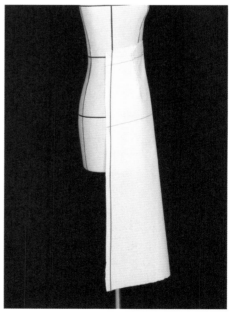

图 3-69

（4）后片制作方法与前片相同，在进行侧缝造型制作时，要注意和前片造型保持平衡（图3-70）。

（5）将前、后片在侧缝处别合（图3-71）。

（6）依据款式要求确定裙长，用标志线进行标记（图3-72）。

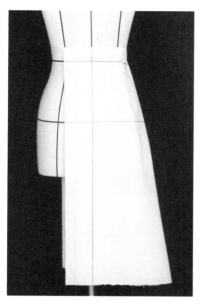  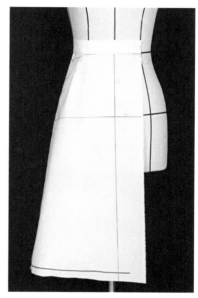

图3-70　　　　　　　　　图3-71　　　　　　　　　图3-72

（7）对前、后片腰线进行点影。

（8）对裙身进行描点和连线，平面整理做法同上衣原型。

（9）将前、后片进行拼合，假缝试样，并绱腰头（图3-73）。

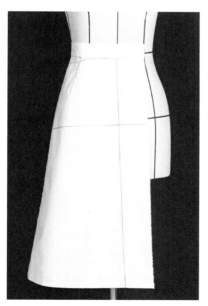  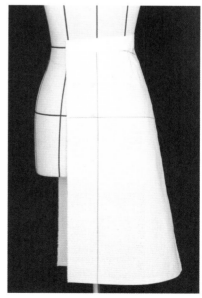

图3-73

（10）将前、后裙片调整对称，完成制作（图3-74）。

图3-74

3.2.2　育克裙

● 款式分析

育克裙是直裙中较为常见的裙型。此款式是基于裙原型进行造型分割，实现省道转移，前片设置褶裥的款式。本款式腰线下落1.5cm以减小臀腰差，为了更好地实现腰省转移，育克分割线一般通过原型省尖位置（图3-75）。

● 坯布准备

（1）育克裙备布使用中厚坯布并去除布边3cm，直接覆盖于人台上进行估算。前、后片分开取布，注意长度方向为直丝，标记前、后中心线；宽度方向为横丝，标记腰围线、臀围线。确定前片长度时，以育克分割线最高处向上4cm为起点，沿前中心线通过臀围线垂直向下量至裙子设计长度，再向下4cm。确定宽度时，在预留褶裥量的基础上以前中心线向右10cm为起点，沿着臀围线水平向左量至侧缝线，再向外加放4cm，并标记位置。

（2）后片取布方法同裙原型坯布准备。

图3-75

（3）确定育克长度时，以腰线向上4cm为起点，沿前中心线量取至分割线最低处，再向下4cm；宽度与裙原型坯布准备相同，并标记前中心线、腰围线。

（4）沿着标记记号绘制布纹线，并整烫坯布，使丝缕归正，将预留褶裥熨烫为暗裥。坯布数据参考图3-76所示。

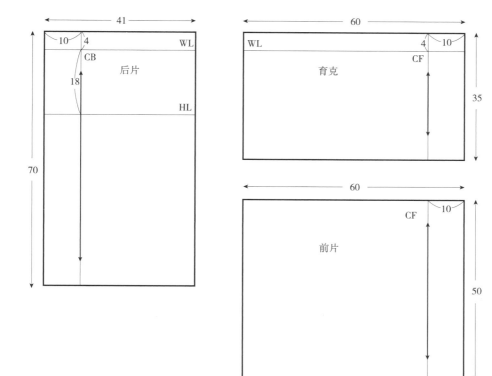

图 3-76

● 制作步骤

（1）贴出腰围线，注意前片落腰1.5cm，后片落腰2cm。按款式造型设计贴出育克分割线（图3-77）。

（2）将育克坯布的腰围线、前中心线与人台标志线对齐，用大头针进行固定（图3-78）。

（3）将育克坯布向侧缝平铺，在腰围处留出适当松量，并在腰围线处剪出剪口（图3-79）。

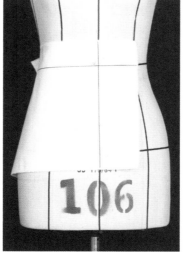
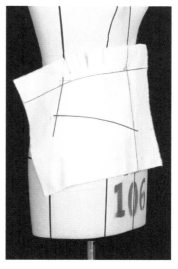

图 3-77　　　　　　　　　　图 3-78　　　　　　　　　　图 3-79

（4）贴出育克造型线、侧缝线、腰围线，将多余坯布剪去（图3-80）。

（5）将熨烫好褶裥的裙身前片坯布的前中心线、臀围线与人台标志线对齐，并进行固定。铺平臀围处的坯布，并在臀围处留出适当松量，将前片与育克进行别合（图3-81）。

（6）贴出侧缝线，并剪去多余坯布（图3-82）。

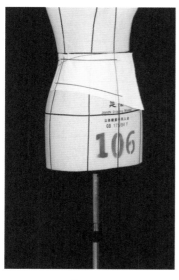
图3-80

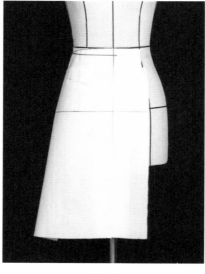
图3-81

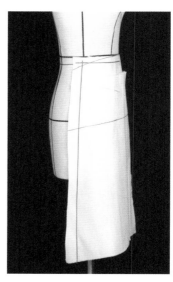
图3-82

（7）将裙身后片坯布的后中心线、腰围线、臀围线与人台标志线对齐（图3-83）。

（8）将坯布向侧缝方向推移，臀围处保留适当的松量，在腰围线处剪出剪口，确定省道位置及长度（图3-84）。

（9）将前、后片在侧缝处进行别合，注意保持前、后片造型的空间感和平衡感（图3-85）。

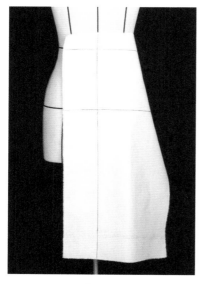
图3-83

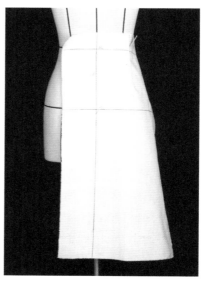
图3-84

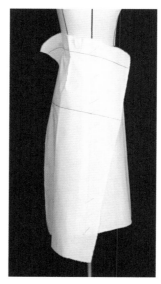
图3-85

（10）依据款式要求确定裙长，并剪去多余坯布（图3-86）。

（11）对前、后片进行点影，并完成描点、连线、平面整理（图3-87）。

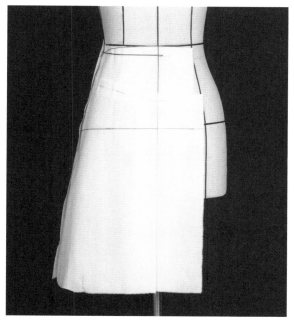

图3-86

图3-87

（12）将裙身、育克进行拼合，假缝试样（图3-88）。

（13）将前、后裙片和育克调整对称，完成制作（图3-89）。

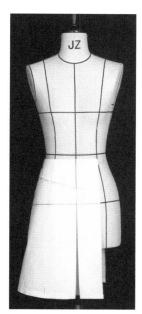
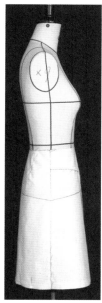
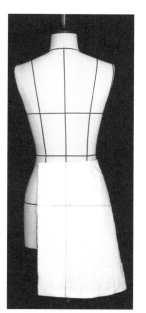

图3-88

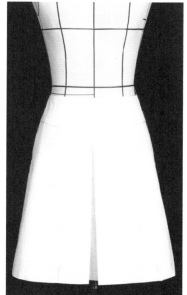

图3-89

3.2.3　鱼尾裙

● 款式分析

　　鱼尾裙是膝盖以上部分合体，裙摆呈波浪状的裙型。该款式结构基于裙原型进行纵向分割，并在裙摆处加入三角片形成波浪。本款式腰线下落1.5cm以减小臀腰差（图3-90）。

● 坯布准备

　　（1）鱼尾裙备布使用中厚坯布并去除布边3cm，直接覆盖于人台上进行估算。前、后片同时取布，注意长度方向为直丝，标记前、后中心线和分片剪开线；宽度方向为横丝，标记腰围线、臀围线。确定长度时，以腰围线向上4cm为起点，沿前中心线通过臀围线垂直向下量至裙子设计长度，再向下4cm。确定宽度时，以前中心线向右10cm为起点，沿着臀围线水平向左量至分割线向外加放4cm确定剪开线，在此基础上放出4cm继续水平向左量至侧缝线向外加放4cm确定剪开线；再以此点放出4cm继续水平向左量至后片分割线向外4cm并确定剪开线，在此基础上放出4cm继续水平向左量至后中心线向外加放10cm，并标记位置。

　　（2）裙摆三角插片依据鱼尾裙裙摆造型的要求准备4片。

　　（3）沿着标记记号绘制布纹线，并整烫坯布，使丝绺归正。坯布数据参考图3-91所示。

图3-90

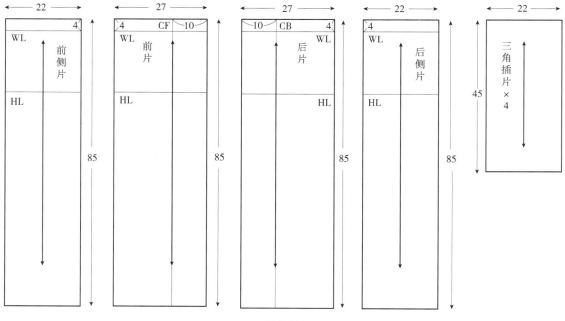

图3-91

● 制作步骤

（1）在人台腰线以下的前侧面和后侧面贴出垂直线，作为纱向参照线。

（2）将前片坯布固定在人台上，使前中心线、腰围线、臀围线与人台标志线对齐（图3-92）。

（3）贴出分割线，标注鱼尾波浪起点位置，并进行修剪（图3-93）。

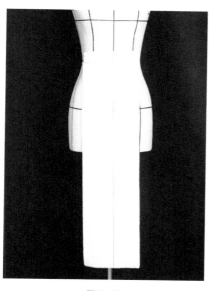 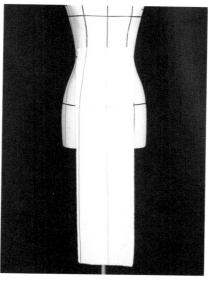

图 3-92　　　　　　　　　　　　　　　　　　图 3-93

（4）将前侧片的坯布固定在人台上，使纱向线、腰围线、臀围线与人台标志线对齐（图3-94）。

（5）从腰线至鱼尾波浪起点，将前片与前侧片沿分割线别合，在臀围和腰围处留出适当活动量，并进行修剪（图3-95）。

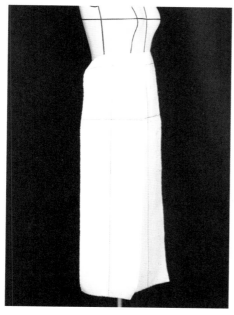 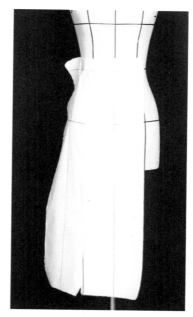

图 3-94　　　　　　　　　　　　　　　　　　图 3-95

（6）贴出侧缝线，标注鱼尾波浪起点位置，并进行修剪（图3-96）。

（7）将后片坯布固定在人台上，使后中心线、腰围线、臀围线与人台标志线对齐（图3-97）。

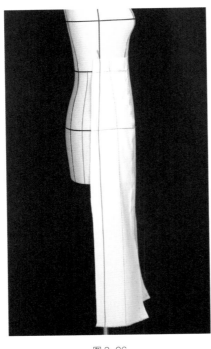

图 3-96

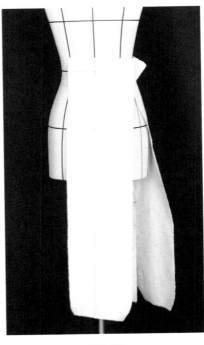

图 3-97

（8）贴出分割线，标注鱼尾波浪起点位置，并进行修剪（图3-98）。

（9）将后侧片坯布固定在人台上，使纱向线、腰围线、臀围线与人台标志线对齐（图3-99）。

图 3-98

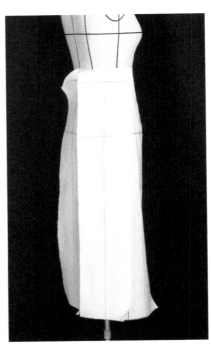

图 3-99

（10）从腰线至鱼尾波浪起点，将后片与后侧片沿分割线进行别合，在臀围和腰围处留出适当活动量，并进行修剪（图3-100）。

（11）从腰线至鱼尾波浪起点，沿侧缝将前侧片与后侧片进行别合，对齐腰围线、臀围线，标注鱼尾波浪起点，并进行修剪（图3-101）。

图3-100   图3-101

（12）在分割线处分别加入三角插片（鱼尾造型用量，图3-102）。

（13）依据款式要求确定裙长，剪去多余的坯布，并绱腰头（图3-103）。

（14）确定裙型，注意保持前、后裙摆造型的平衡感，并假缝试样。

（15）将前、后各裙片和三角插片调整对称，完成制作（图3-104）。

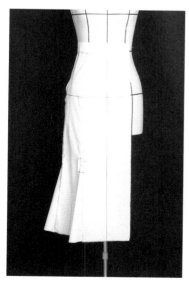  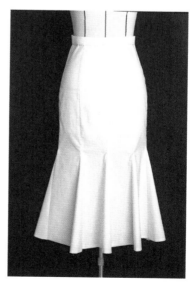

图3-102   图3-103   图3-104

3.3 连衣裙

3.3.1 中式立领连衣裙

● 款式分析

本款式为断腰设计，合体廓型、中袖及中式旗袍领的设计突出了东方女性含蓄、优雅的美。上衣设置腋下省、腰省，裙身为合体的基本型，并设置腰省。袖型为一片式合体袖，袖口做翻折边设计（图3-105）。

● 坯布准备

（1）连衣裙上身备布方法同上衣原型坯布准备。

（2）连衣裙备布方法同裙原型坯布准备。

（3）衣袖及袖口翻边备布依据袖子结构需要进行准备，袖长为经向。

（4）衣领备布依据领子的结构需要进行准备，领宽为经向。标记后中心线、基础辅助线。

（5）沿标记记号绘制布纹线，并整烫坯布，使丝缕归正。坯布数据参考图3-106所示。

● 制作步骤

（1）依据款式要求贴出门襟止口造型线；前中心点下降1cm，贴出领围线。

图3-105

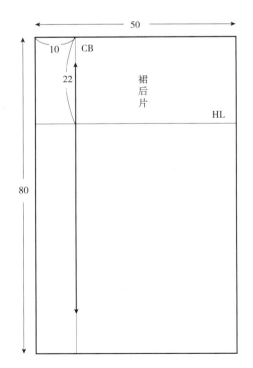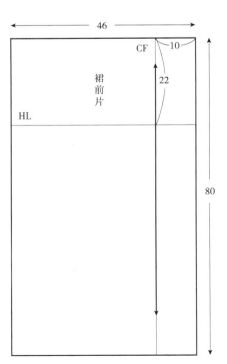

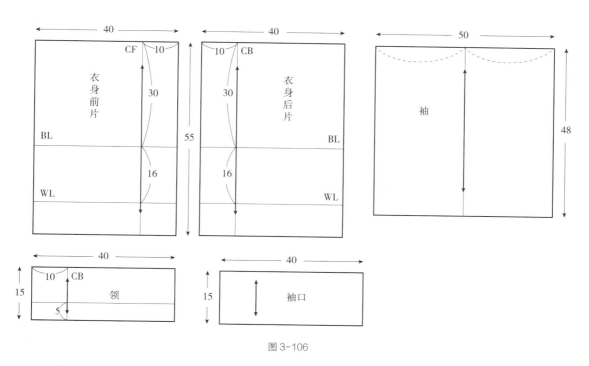

图 3-106

（2）将前衣身的中心线、胸围线、腰围线与人台标志线对齐，用大头针进行固定（图3-107）。

（3）将坯布向下翻折，在前中心线处打剪口，剪口剪至领围线上方（图3-108）。

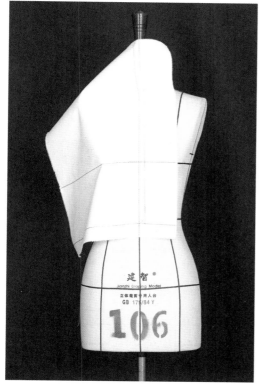

图 3-107

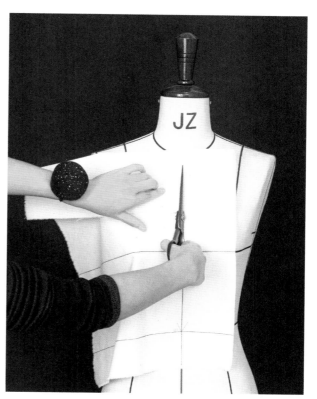

图 3-108

（4）将领围线处的坯布向肩线方向推移平铺，固定侧颈点（图3-109）。

（5）剪去领围线上多余的坯布，并在领围线上打出剪口，修剪出领窝弧线（图3-110）。

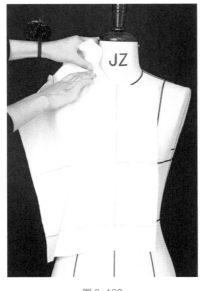
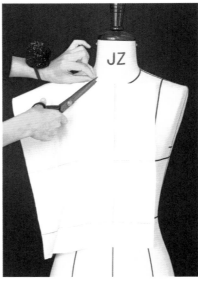
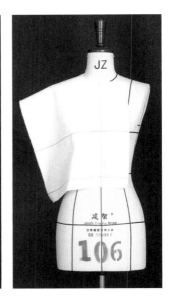

图3-109　　　　　　　　　　　　　　　　　　图3-110

（6）将肩部多余的坯布向袖窿方向推移，并在胸部保留一定的放松量，在腋下和腰线捏出省道，并在腰围线处保留基本放松量。标记肩线、侧缝线和袖窿弧线，并进行修剪（图3-111）。

（7）将后衣身中心线、胸围线、腰围线与人台标志线对齐，并用大头针进行固定（图3-112）。

（8）从后中心线处打剪口至领围线上方，剪去多余的坯布，并在侧颈点将后片与前片别合固定。在腰部捏出省道，省道垂直于腰线，省尖在胸围线以上2cm处。胸围、腰围保留一定松量，后片与前片在侧缝处别合，并进行修剪（图3-113）。

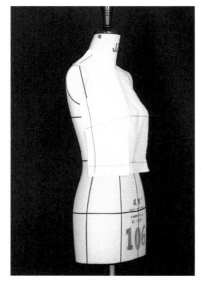

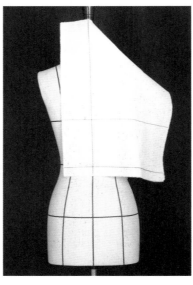
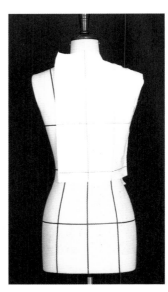

图3-111　　　　　　　　　　　图3-112　　　　　　　　　　　图3-113

（9）将裙子前片的中心线、腰围线、臀围线与人台标志线对齐，在臀围保留一定的放松量，于侧缝处用大头针进行临时固定（图3-114）。

（10）将前片的臀腰差一部分分布在侧缝线处，另一部分在腰围线处设置省道，省道位置与上衣腰省位置一致（图3-115）。

图3-114　　　　　　　　　　　　图3-115

（11）贴出裙子侧缝线，与衣身侧缝线连接，并剪去多余坯布（图3-116）。

（12）裙子后片做法与前片相同，需注意省道与衣身省道位置保持一致。

（13）将裙子前、后片在侧缝处进行别合，并将裙身与衣身部分沿腰围线进行别合，注意保持裙身造型的平衡感，同时确定裙长（图3-117）。

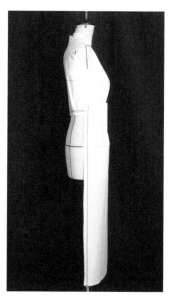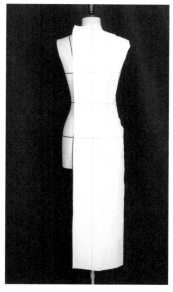

图3-116　　　　　　　　　　　　图3-117

（14）对领围线进行点影（图3-118）。

（15）对衣身、裙身进行描点、连线以及平面整理，假缝试样（图3-119）。

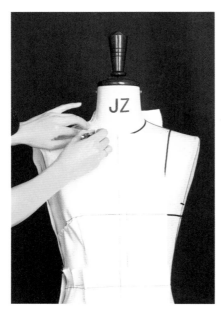
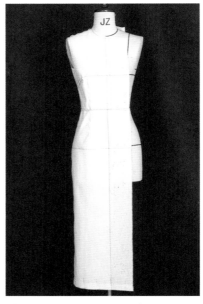

图3-118   图3-119

（16）将衣领后中心线与衣片后中心线对齐，辅助线保持水平，并与领围线对齐（图3-120）。

（17）从领片后中心线开始2.5cm处，将领子的辅助线与领围线水平别合。根据领子造型结构变化原理，立领的装领线向上偏离辅助线，制作中一边向前转动领片，一边在坯布上剪出剪口，并与领围线进行别合直至前中心线处。注意别合线向上偏离辅助线，需保持领子的造型与颈部的空间，以保证着装的舒适性（图3-121）。

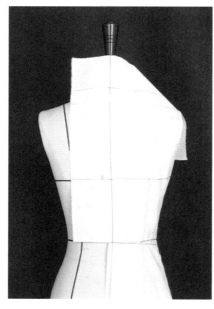
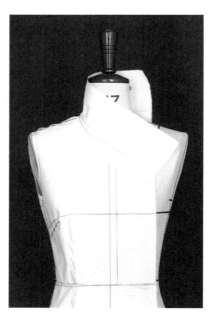

图3-120   图3-121

（18）贴出立领上口造型线，剪去多余坯布（图3-122）。

（19）对领子进行描点、连线以及平面整理（图3-123）。

（20）绱领子，进行假缝试样（图3-124）。

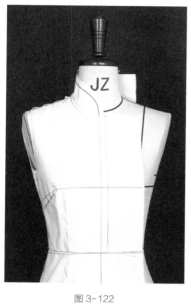
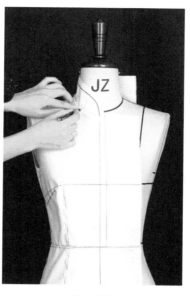
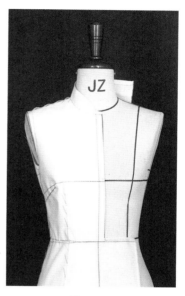

图3-122　　　　　　　　　　图3-123　　　　　　　　　　图3-124

（21）袖子用平面裁剪的方法完成。可参照一片式合体袖的平面结构制图方法进行平面绘制，并完成裁剪，假缝后安装在衣身上。其方法可参考基础衬衫的袖子制作及安装（图3-125）。

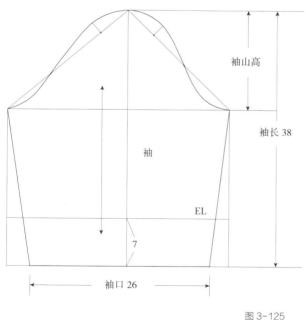
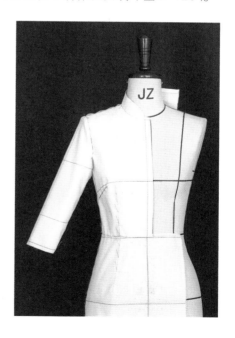

图3-125

（22）将袖口坯布与袖口别合，贴出翻边造型线，并进行修剪（图3-126）。

（23）对袖口进行描点、连线、平面整理。

（24）完成所有部件的制作后，假缝试样（图3-127）。

图3-126

图3-127

（25）将前、后衣片和裙片、袖子、领子调整对称，完成制作（图3-128）。

图3-128

3.3.2 波浪袖连衣裙

● 款式分析

本款式为断腰设计，上身合体，领口领、波浪袖的元素突出了女性活泼、浪漫的美。上衣设置领省、腰省，裙身为波浪裙（图3-129）。

● 坯布准备

（1）衣身备布的方法同上衣原型坯布准备。

（2）裙子备布的方法同波浪裙坯布准备。

（3）衣袖备布依据袖子结构需要进行准备，袖长为经向。

（4）沿标记记号绘制布纹线，并整烫坯布，使丝缕归正。坯布数据参考图3-130所示。

图 3-129

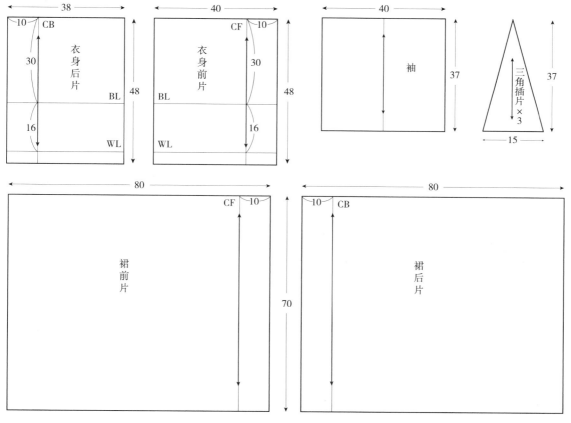

图 3-130

● 制作步骤

（1）依据款式要求贴出领口造型线，腰围线上移1cm（图3-131）。

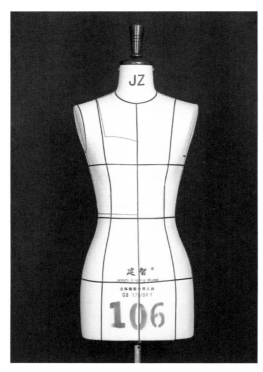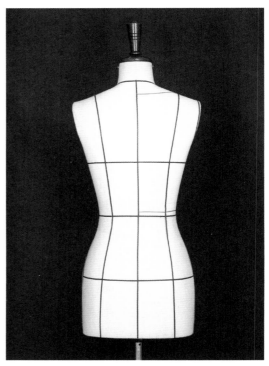

图 3-131

（2）将前衣身中心线、胸围线、腰围线与人台标志线对齐，用大头针进行固定（图3-132）。

（3）将坯布向下翻折，在前中心线处打剪口，剪口剪至领围线上方（图3-133）。

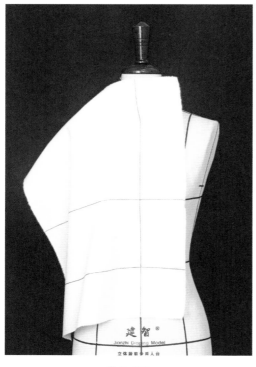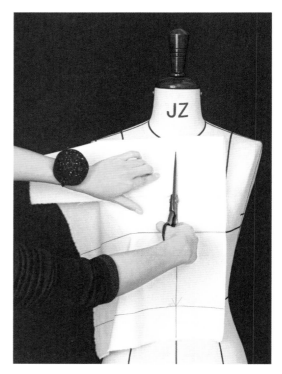

图 3-132　　　　　　　　　　　　　　　　　图 3-133

（4）将领围线处的坯布向肩线方向推移平铺，固定侧颈点（图3-134）。

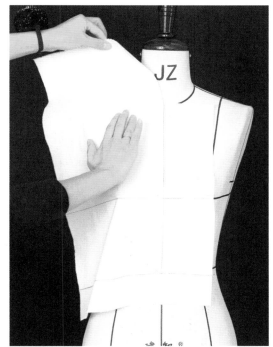
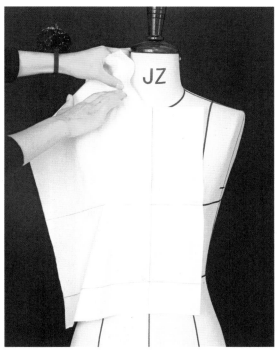

图 3-134

（5）剪去领围线上多余的坯布，并在领围线上打剪口，修剪出领围线（图3-135）。

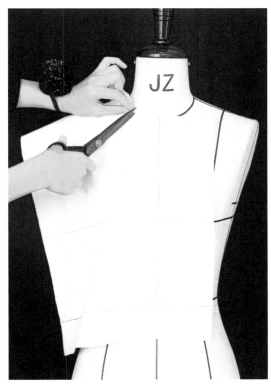
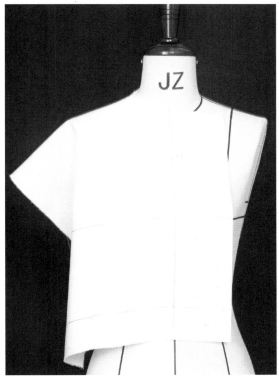

图 3-135

（6）将坯布的胸围线与人台胸围线对齐，在胸围处保留适当松量并进行固定，将胸围线以上的坯布向肩线推移，捏出肩省，肩省位置设置在领口造型线处，省尖指向胸高点；在腰线处捏出腰省，注意保留腰部基本放松量（图3-136）。

（7）在衣身前片上贴出领口造型线、肩线、侧缝线及腰围线，用大头针标记出袖窿弧线，并进行修剪（图3-137）。

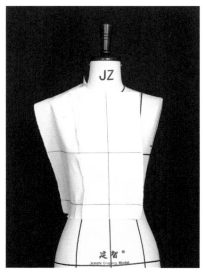
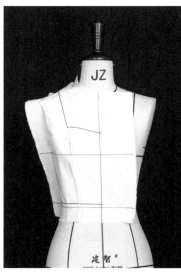
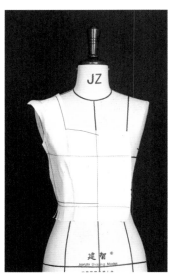

图 3-136 　　　　　　　　　　　　　　　　　　图 3-137

（8）将后衣身中心线、胸围线、腰围线与人台标志线对齐，用大头针进行固定（图3-138）。

（9）在后片中心线处打剪口至领围线上方，剪去多余坯布，并在肩线处与前片别合固定，按照领口造型贴出标记线。保持胸围线水平的同时保留适当放松量，与前片临时固定，在腰部捏出腰省，注意省尖位置在胸围线以上2cm处，在侧缝处与前片别合（图3-139）。

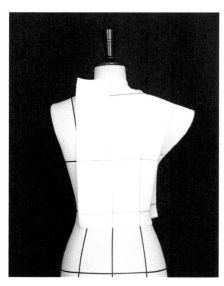

图 3-138 　　　　　　　　　　　　　　　　　　图 3-139

（10）修剪领口，用大头针别出袖窿弧线，贴出腰围线，并剪去肩部、袖窿及侧缝处的多余坯布（图3-140）。

（11）在腰线处标记波浪位置，将裙子前片中心线与人台标志线对齐，并做临时固定（图3-141）。

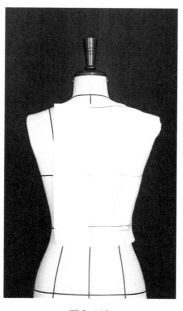

图3-140   图3-141

（12）按照波浪裙的做法，在腰围线处分别做出裙子的波浪，并与上衣部分在腰线处进行别合（图3-142）。

（13）贴出侧缝线，剪去多余的坯布。

（14）裙子后片做法同裙子前片，并将前、后片在侧缝处进行别合（图3-143）。

图3-142   图3-143

（15）依据款式要求确定裙长，剪去多余的坯布（图3-144）。

（16）对衣身、裙子进行描点、连线、平面整理，并进行假缝试样（图3-145）。

 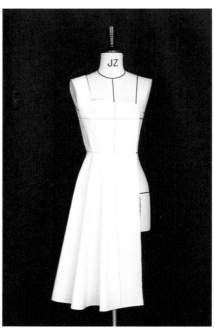

图 3-144　　　　　　　　　　　　　　　图 3-145

（17）袖子用平面裁剪的方法完成。可参照袖原型的平面结构制图方法进行平面绘制（袖长依据款式要求确定），并完成裁剪。假缝后安装在衣身上，其方法可参考基础衬衫的袖子制作及安装（图3-146）。

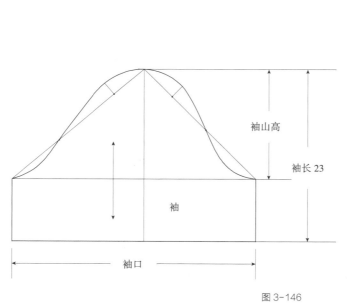

袖山高

袖长 23

袖

袖口

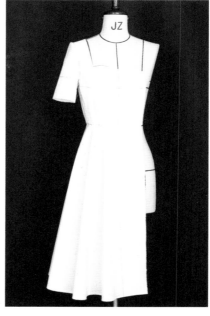

图 3-146

（18）标记波浪袖波浪的位置，并从袖口剪至袖山处（图3-147）。

（19）将袖子从人台上取下，在剪开的剪口处加入三角插片，完成初步造型，并观察袖子的造型平衡感（图3-148）。

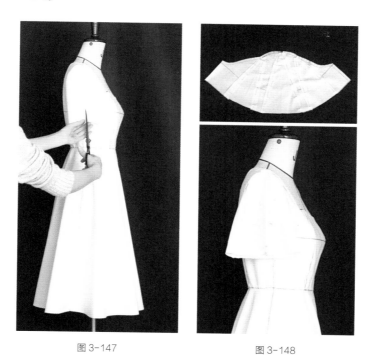

图3-147　　　　　　　　　　　　图3-148

（20）对袖子进行平面整理和板型修正后，复制裁剪新的袖片，并安装到裙子上，完成假缝试样（图3-149）。

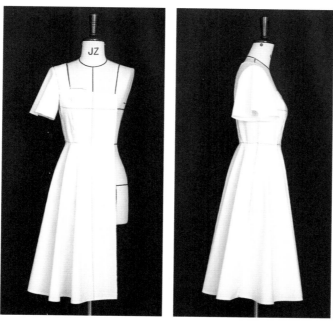

图3-149

（21）将前、后衣片和裙片、袖子调整对称，完成制作（图3-150）。

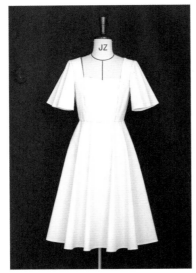 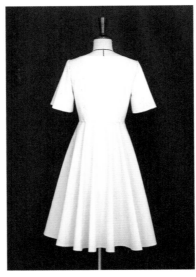 

图 3-150

3.3.3 连立领、落肩袖连衣裙

● 款式分析

本款式为上下连属的连衣裙结构，腰部运用省道塑造人体曲线美。连立领、落肩连袖、裙子下摆的弧形分割线等设计元素，突出表现了东方女性独特的韵味（图3-151）。

● 坯布准备

（1）连衣裙备布使用中厚坯布并去除布边3cm，直接覆盖于人台上进行估算。前、后片同时取布，注意长度方向为直丝，标记前、后中心线和前、后片剪开线；宽度方向为横丝，标记胸围线、腰围线、臀围线。确定长度时，以侧颈点向上6cm为起点，沿前中心线通过腰围线、臀围线垂直向下量至裙摆分割线最低点处，再向下4cm。确定宽度时，以前中心线向右10cm为起点，沿着臀围线水平向左量至侧缝线再向外加放6cm确定剪开线；从此点放出6cm继续量至后片后中心线再向外加放10cm，并标记位置。

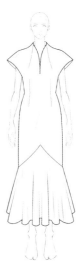

图 3-151

（2）裙摆坯布依据裙摆设计大小，可按照波浪裙的取布原则准备。

（3）沿着标记记号绘制布纹线，并整烫坯布，使丝绺归正。坯布数据参考图3-152所示。

● 制作步骤

（1）根据款式要求贴出领口造型线（图3-153）。

（2）将前衣身中心线、胸围线、腰围线、臀围线与人台标志线对齐，用大头针进行固定（图3-154）。

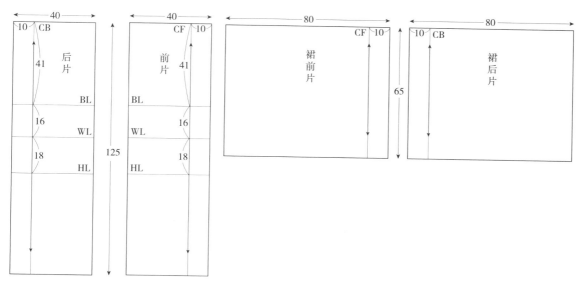

图 3-152

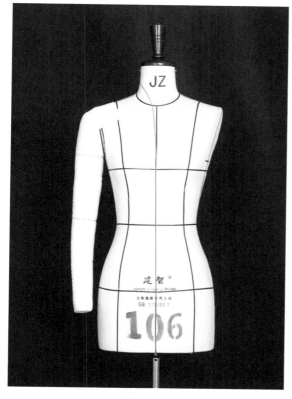

图 3-153

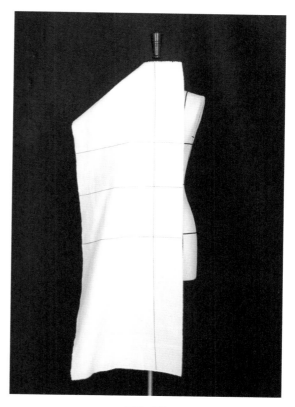

图 3-154

（3）在前中心线处打剪口，剪口剪至领围线上方。在胸部保留适当的放松量，将坯布胸围线与人台胸围线对齐，做临时固定。将胸围线以上多余坯布推移至领围线处，形成领省，省尖指向胸高点，在侧颈点处用大头针固定，别出领省，注意省道的大小需保证连立领与人体颈部之间的空间（图3-155）。

（4）臀围线处保持水平，留出适当松量在侧缝处做临时固定。在腰围线处剪出剪口并做固定，捏出梭形腰省，注意腰围线要保留适当的松量使造型更加服帖、美观（图3-156）。

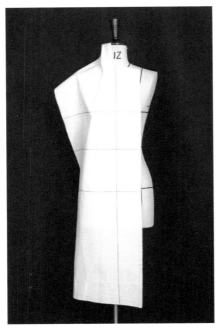

图 3-155

图 3-156

（5）依款式要求贴出落肩线、袖口线、侧缝线（图3-157）。

（6）依款式要求贴出领口造型线，并剪去多余的坯布（图3-158）。

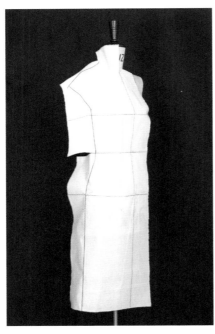

图 3-157

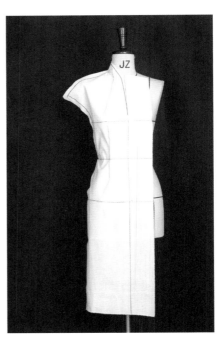

图 3-158

（7）将后衣身中心线、胸围线、腰围线、臀围线与人台标志线对齐，用大头针进行固定（图3-159）。

（8）保持肩背处纱向水平，并保留适当的松量。将袖窿处的坯布推移至领围线处，形成领省，省尖指向肩胛骨突出点，注意省道的大小需保证连立领与人体颈部之间的空间，在侧颈点处与前片进行别合。臀围线保持水平，并保留适当松量，在腰线处剪出剪口，沿侧缝与前片暂时固定（图3-160）。

（9）将前、后片在肩线、侧缝线处别合，对齐胸围线、腰围线、臀围线，在别合肩线时，注意落肩造型是否美观。贴出袖口造型线，使之与前片造型进行连接（图3-161）。

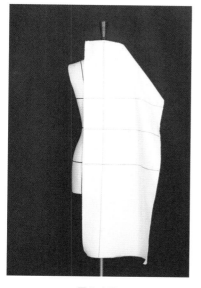 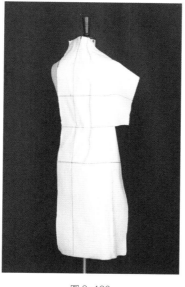 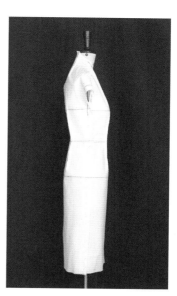

图 3-159   图 3-160   图 3-161

（10）贴出裙摆分割线，并剪去多余的坯布（图3-162）。

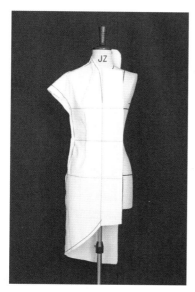 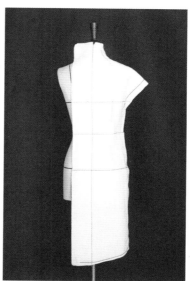

图 3-162

（11）依据款式要求在裙摆处标记裙摆波浪位置，将裙摆坯布的前中心线与前片中心线对齐并别合，依据波浪裙的制作方法制作裙摆（图3-163）。

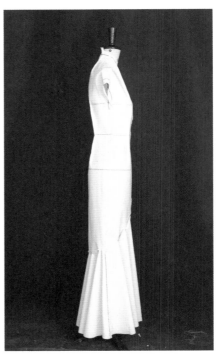

图 3-163

（12）对衣身前、后片和裙摆进行描点、连线、平面整理，并假缝试样（图3-164）。

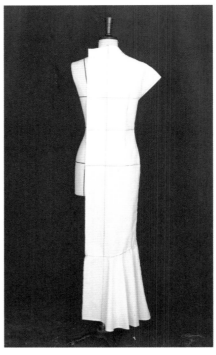

图 3-164

（13）将前、后衣片和裙片调整对称，完成制作（图3-165）。

图3-165

3.4 外套

3.4.1 四开身西装外套

● 款式分析

本款式是由刀背缝、单排扣、驳领、两片袖构成的四开身修身女外套。分割线的设置能较好地塑造出人体的结构廓型，同时具有较强的包容性，是较为修身的款式，表现出干练、沉稳的风格（图3-166）。

● 坯布准备

（1）西装外套备布使用中厚坯布并去除布边3cm，直接覆盖于人台上进行估算。前、后片同时取布，注意长度方向为直丝，标记前、后中心线和前、后片剪开线；宽度方向为横丝，标记胸围线、腰围线、臀围线。确定长度时，以侧颈点向上4cm为起点，沿前中心线通过腰围线、臀围线垂直向下量至衣身设计长度，再向下4cm。确定宽度时，以前中心线向右15cm为起点，水平向左量至刀背缝（前腋点）处，再向外加放4cm确定剪开位置；在此基础上放出4cm，沿腰围线量至侧缝线向外放出4cm并确定剪开位置；从此点放出4cm沿腰围线量至后片刀背缝向外4cm并确

图3-166

133

定剪开位置；从此点放出4cm后，从刀背缝（后腋点）水平量至后中心线向外加放10cm，并标记位置。

（2）衣袖备布依据袖子结构需要准备大、小袖坯布，袖长为经向。

（3）衣领备布依据领子的结构需要准备坯布，领宽为经向，标记后中心线、基础辅助线位置。

（4）沿着标记记号绘制布纹线，并整烫用布，使丝绺归正。坯布数据参考图3-167。

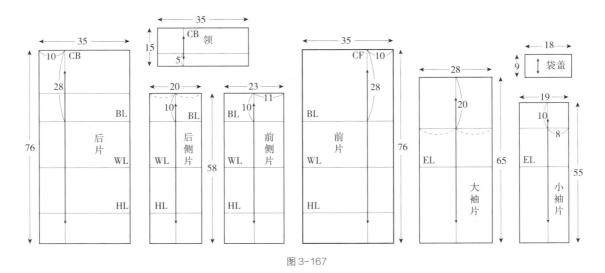

图3-167

● 制作步骤

（1）依据款式造型的要求对人台进行肩部补正，贴出驳折线、门襟止口及驳头止口造型线，同时在人台前侧、后侧面贴出纱向辅助线。为留出衣料的厚度，将前中心线的位置向外移0.5cm（图3-168）。

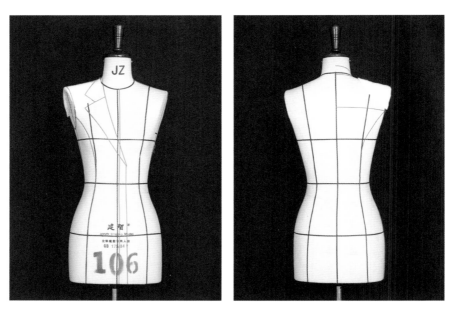

图3-168

（2）将前片中心线、胸围线、臀围线与人台标志线对齐，用大头针进行固定（图3-169）。

（3）在前中心线处打剪口，剪口剪至领围线处，并修剪出领围线。胸部、臀部保留适当松量，在腰线处打剪口，并做固定，贴出刀背缝，并剪去多余的坯布（图3-170）。

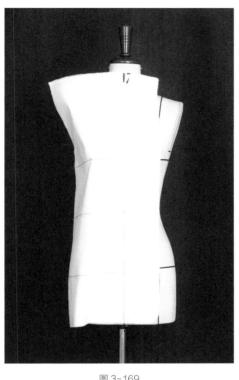 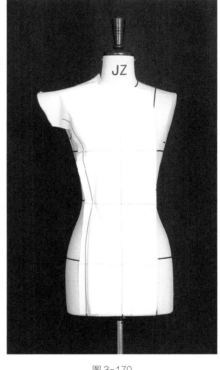

图3-169   图3-170

（4）在前侧片胸围及臀围处分别预留1cm松量，并标记纱向（图3-171）。

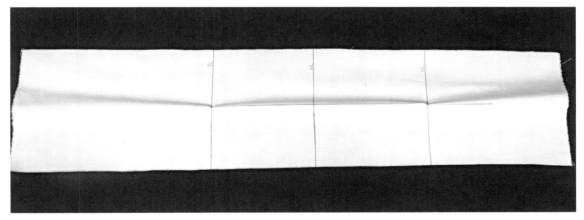

图3-171

（5）将前侧片胸围线、臀围线与人台标志线对齐，坯布垂直纱向与人台侧面垂直线对齐，并用大头针进行固定。腰线打出剪口，沿刀背缝与前片别合，对齐胸围线、腰围线、臀围线，并保持前侧片纱向竖直（图3-172）。

（6）贴出侧缝线，用大头针标记袖窿弧线，并剪去多余的坯布（图3-173）。

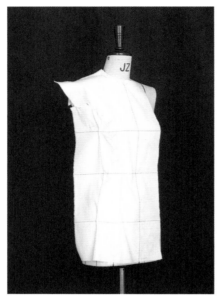
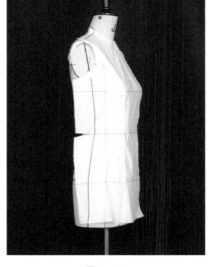

图 3-172　　　　　　　　　　　　　　　　图 3-173

（7）将后片中心线、胸围线、臀围线与人台标志线对齐，用大头针进行固定，并在后片布边处斜向打剪口至腰围线，做出后吸腰量，确定后中心线（图3-174）。

（8）在后中心线处打剪口，修剪出领围线，并与前片在侧颈点处别合。保持肩背横线水平，将袖窿处的坯布向肩线推移，形成肩部吃势，并与前肩线别合。在腰线处打剪口，做临时固定，贴出后片刀背缝，并剪去多余的坯布（图3-175）。

（9）后侧片做法与前侧片相同，制作过程中需要保持纱向竖直，并在侧缝处与前片别合（图3-176）。

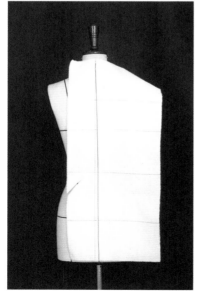
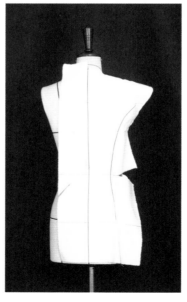
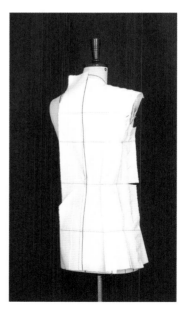

图 3-174　　　　　　　　　图 3-175　　　　　　　　　图 3-176

（10）剪去多余的坯布，去掉临时固定的大头针，观察衣身部分的初步造型，需注意整体造型的空间感和平衡感，并做调整（图3-177）。

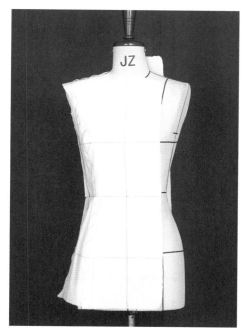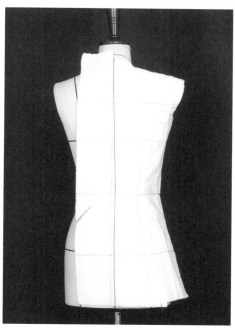

图3-177

（11）在衣身前胸处贴出驳折线，在驳头止口处横向打剪口，剪口剪至驳头止口。将驳头沿驳折线翻折，贴出驳头造型，并做修剪（图3-178）。

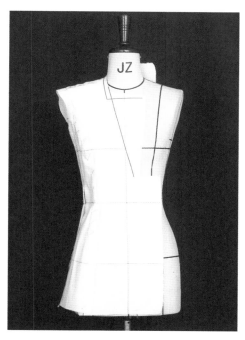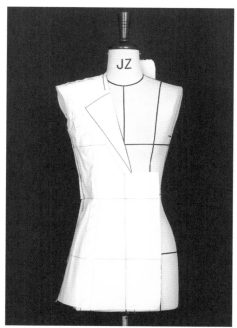

图3-178

（12）对领围线进行点影，完成衣身的描点、连线、平面整理，并假缝试样，同时确定口袋位置（图3-179）。

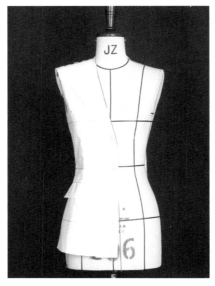
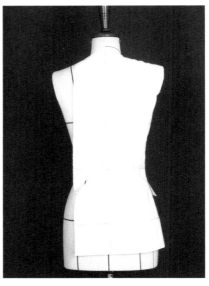

图3-179

（13）将衣领坯布后中心线与后衣片中心线对齐，辅助线保持水平，并与领围线对齐（图3-180）。

（14）从后中心线开始2.5cm处，将领子的辅助线与领围线水平别合。根据领子造型结构变化原理，翻领的装领线向下偏离辅助线，制作中需一边向前转动领片，一边在坯布上剪出剪口，并与领围线进行别合直至侧颈点，注意保留领子与人体颈部之间的结构空间，然后将领子与前片领围线、串口线别合。沿驳折线向下翻折领子，并将领外口向外翻折，以确定领面宽度，同时需注意保持领子后中心线垂直（图3-181）。

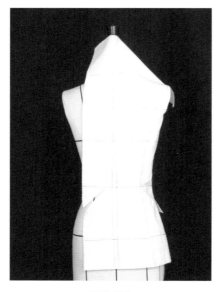
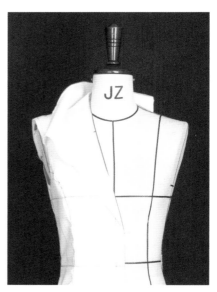

图3-180　　　　　　　　　　　　　　　　图3-181

（15）确定领子造型及翻折线，贴出领外口造型线、领缺嘴线、串口线，并剪去多余的坯布（图3-182）。

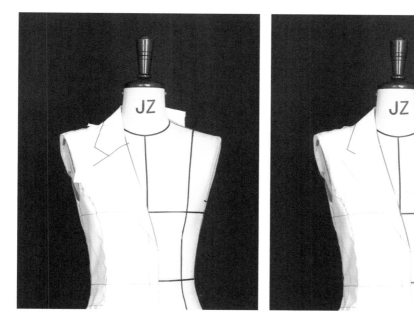

图3-182

（16）对领子进行描点、连线、平面整理，并假缝试样（图3-183）。

（17）袖子用平面裁剪的方法完成。可参照两片袖的平面结构制图方法进行平面绘制（图3-184）。

（18）在准备的坯布上描出衣袖，进行裁剪，并别合袖缝。将袖子与衣身进行别合，其方法参考基础衬衫袖子的制作、安装方法（图3-185）。

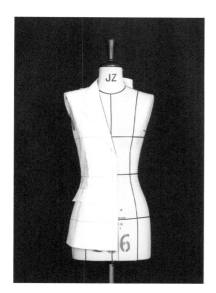

图3-183

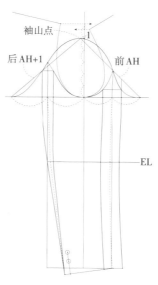

图3-184

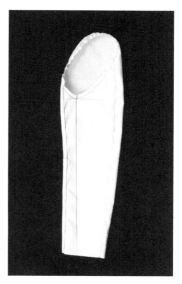

图3-185

（19）将各部件进行组装，假缝试样（图3-186）。

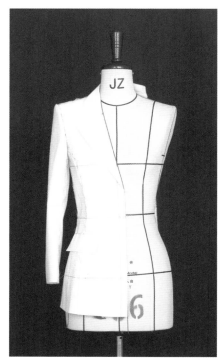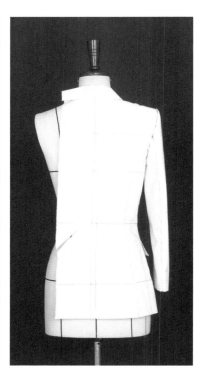

图3-186

（20）将前、后衣片和袖子、领子调整对称，完成制作（图3-187）。

图3-187

3.4.2 戗驳领双排扣外套

● 款式分析

本款式是由双排扣、戗驳领、两片袖构成的较为修身的女外套。整体服装廓型疏朗、大气，宽阔的肩部，直线条的衣身设计，具有突出的男装风格（图3-188）。

● 坯布准备

（1）外套备布使用中厚坯布并去除布边3cm，直接覆盖于人台上进行估算。前、后片同时取布，注意长度方向为直丝，标记前、后中心线和前、后片剪开线；宽度方向为横丝，标记胸围线、腰围线、臀围线、肩背横线。确定长度时，以侧颈点向上4cm为起点，沿前中心线通过腰围线、臀围线垂直向下量至衣身设计长度，再向下4cm。确定宽度时，以前中心线向右25cm为起点，向左沿臀围线水平量至后侧分割线处，再向外加放15cm，确定剪开位置；在此基础上放出10cm继续量至后中心线，再向外加放10cm，并标记位置。

图3-188

（2）衣袖备布依据袖子的结构需要准备大、小袖坯布，袖长为经向。

（3）衣领备布依据领子的结构需要准备坯布，领宽为经向，标记后中心线、基础辅助线位置。

（4）沿着标记记号绘制布纹线，并整烫用布，使丝缕归正。坯布数据参考图3-189所示。

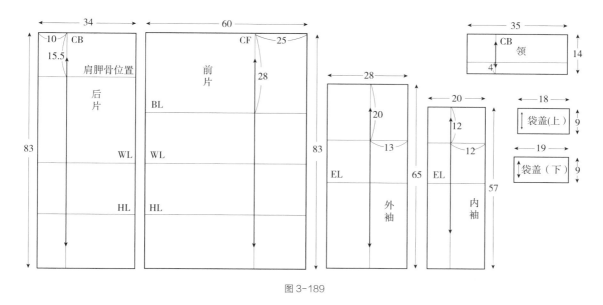

图3-189

● 制作步骤

（1）根据款式造型的要求对人台进行肩部补正，贴出驳折线、驳头止口造型线、领外口造型线及门襟止口线。前中心线的位置向外0.5cm，留出面料的厚度（图3-190）。

（2）将前衣身中心线、胸围线、臀围线与人台标志线对齐，用大头针进行固定（图3-191）。

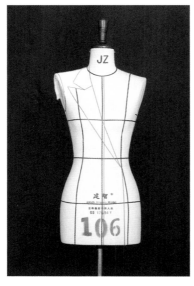
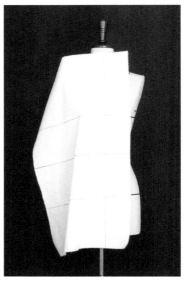

图3-190　　　　　　　　　　　　图3-191

（3）在前中心线处打剪口，剪口剪至领围线上方。在胸部保留适当的松量，将坯布的胸围线与人台胸围线对齐，并做临时固定。将胸围线以上的坯布向领围线推移，形成领省，省尖指向胸高点，并别出领省，用大头针固定侧颈点，铺平肩部坯布并在肩端点做临时固定。铺平腰部的坯布，在人体结构转折的位置捏出梭形腰省，注意保留腰部、臀部的放松量，保持服装的结构空间感（图3-192）。

（4）在前衣身上贴出驳折线，在驳头止口处横向打剪口，将驳头沿驳折线翻折，贴出驳头止口造型，并剪去多余的坯布（图3-193）。

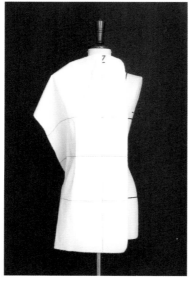
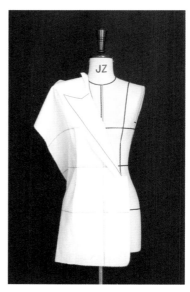

图3-192　　　　　　　　　　　　图3-193

（5）保持胸围线水平，在胸围线、臀围线处保留松量，设置腋下的袖窿省，省尖指向臀围线（图3-194）。

（6）贴出后侧分割线，用大头针标记袖窿弧线，对肩线、袖窿、侧缝进行修剪（图3-195）。

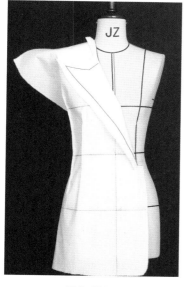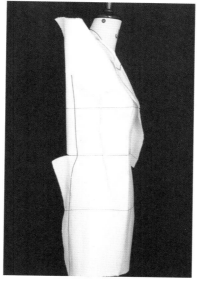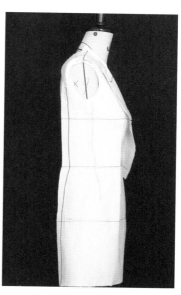

图3-194 图3-195

（7）将后片中心线、肩背横线、臀围线与人台标志线对齐，用大头针进行固定，在后片布边处斜向打剪口（见图3-197）至腰围线，做出后吸腰量，确定后中心线（图3-196）。

（8）在后中心线处打剪口，修剪出领围线，并与前片在侧颈点处别合。保持肩背横线水平，将袖窿处的坯布向肩线推移，形成肩部吃势，并与前肩线别合。在腰部打剪口，沿后侧分割线与前片别合，注意保持整体造型的空间感和平衡感，并进行修剪（图3-197）。

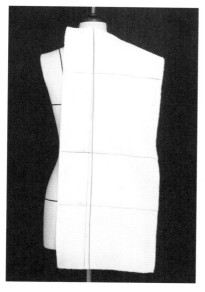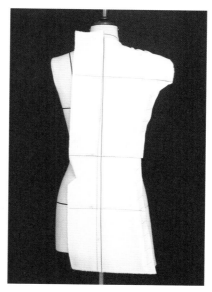

图3-196 图3-197

（9）去掉临时固定的大头针，调整衣身部分的整体造型，确定衣长，并进行假缝试样。

（10）袖子用平面裁剪的方法完成。可参照两片袖的平面结构制图方法进行平面绘制。在准备的坯布上描出衣袖，进行裁剪，并别合袖缝，做法同四开身西装外套的袖子制作。

（11）将袖子与衣身进行别合，其方法参考四开身西装外套袖子的安装方法。同时依据款式要求确定口袋位置（图3-198）。

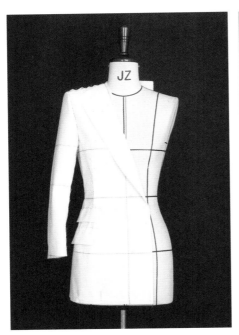

图3-198

（12）领子的制作参照四开身西装外套的领子制作，需注意把握领子与人体颈部之间的空间（图3-199）。

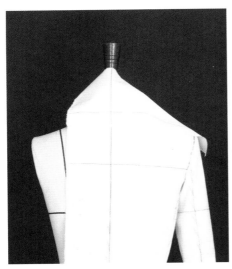
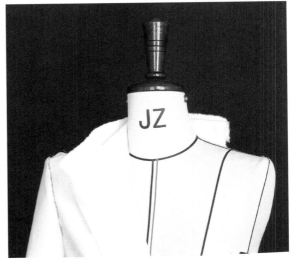

图3-199

（13）确定领子造型及翻折线位置，贴出领外口造型线、领缺嘴线、串口线，并进行修剪（图3-200）。

（14）对领子进行描点、连线、平面整理，并安装在衣身上，完成假缝试样（图3-201）。

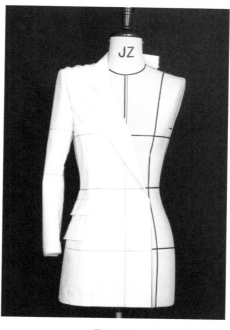

图3-200

图3-201

（15）将前、后衣片和袖子、领子调整对称，完成制作（图3-202）。

图3-202

3.4.3　A型插肩袖外套

● 款式分析

本款式是由平翻领、插肩袖构成的A型宽松女外套。整体服装廓型似斗篷，从肩部到下摆逐渐变宽，下摆呈波浪状，插肩袖的造型使肩部线条柔和舒适，凸显女性温柔、甜美的气质（图3-203）。

● 坯布准备

（1）外套备布使用中厚坯布并去除布边3cm，直接覆盖于人台上进行估算。前、后片同时取布，注意长度方向为直丝，标记前、后中心线和前、后片剪开线；宽度方向为横丝，标记胸围线、肩背横线。确定长度时，以侧颈点向上4cm为起点，沿前中心线通过腰围线、臀围线垂直向下量至衣身设计长度，再向下4cm。确定宽度时，以前中心线向右10cm为起点，向左沿胸围线水平量前腋点，再加放30cm，确定剪开线位置；在此基础上放出30cm，从后腋点量至后中心线，再向外加放10cm，并标记位置。

图3-203

（2）袖子备布确定长度时，以侧颈点向上4cm为起点，沿着肩线通过肩端点，再沿着袖中缝量至袖口，再向下4cm，标记袖山高横向基准线。确定宽度时，依据袖肥设计宽度加宽20cm来确定，标记袖中线，依次准备前、后两个袖片。

（3）衣领备布依据领子的结构需要准备坯布，领宽为经向，标记后中心线、基础辅助线位置。

（4）沿着标记记号绘制布纹线，并整烫用布，使丝缕归正。坯布数据参考图3-204所示。

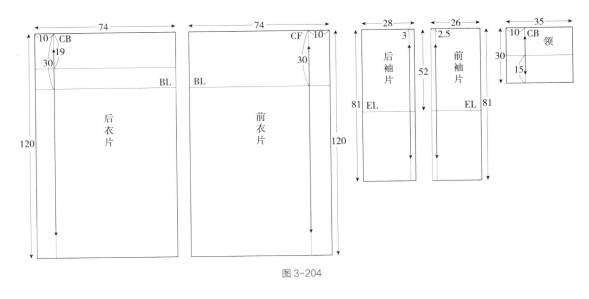

图3-204

● 制作步骤

（1）根据款式造型要求对人台进行肩部补正。前中心线的位置向外0.5cm，留出衣料的厚度，并贴出门襟止口线。前中心点向下1.5cm，侧颈点向外1cm贴出领围线，并安装假手臂（图3-205）。

（2）将前衣身中心线、胸围线与人台标志线对齐，用大头针进行固定（图3-206）。

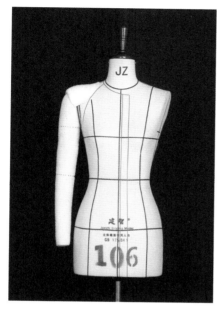

图 3-205

图 3-206

（3）在前中心线处打剪口，剪口剪至领围线上方，固定侧颈点，并修剪出领围线。将坯布由肩部向袖窿处平铺，在胸部做临时固定，确定第一个波浪造型（图3-207）。

（4）前胸宽处留出适当放松量，临时固定，从插肩袖起点至前腋点贴出袖窿弧线并进行修剪。在前腋点处垂直于袖窿剪出剪口，将坯布逆时针旋转，形成第二个波浪，继续将袖窿弧线贴至袖窿底点，并完成修剪（图3-208）。

图 3-207

图 3-208

（5）贴出侧缝线，并剪去多余的坯布（图3-209）。

（6）将后片中心线、肩背横线与人台标志线对齐，用大头针进行固定（图3-210）。

图3-209   图3-210

（7）在后中心线处打剪口，修剪出领围线，在插肩袖起点位置做临时固定。在肩胛骨突出位置用大头针做临时固定，将肩部的坯布向袖窿方向平铺，形成后片的第一个波浪，注意保持整体造型的空间感和平衡感（图3-211）。

（8）从插肩袖起点至后腋点贴出袖窿弧线，并做修剪。在后腋点处垂直于袖窿剪出剪口，将坯布顺时针旋转，形成第二个波浪，继续将袖窿弧线贴至袖窿底点并完成修剪，注意保持前、后片造型的平衡感（图3-212）。

图3-211   图3-212

（9）将前、后片沿侧缝线别合，确认整体造型的平衡、协调。用大头针确定衣长，并剪去多余的坯布（图3-213）。

（10）对衣身部分进行描点、连线、平面整理，并假缝试样。

（11）将前袖片横向基准线、袖中线与假手臂标志线对齐（图3-214）。

 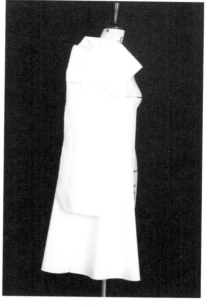

图3-213   图3-214

（12）将手臂抬起约30°，根据前腋点位置确定袖山线的位置，并与衣身别合（图3-215）。

（13）将后袖片横向基准线、袖中线与假手臂标志线对齐（图3-216）。

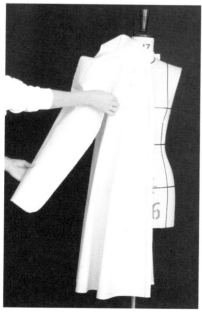 

图3-215   图3-216

（14）将手臂抬起约30°，根据后腋点位置确定袖山线位置，并与衣身别合（图3-217）。

（15）在袖片前、后腋点处剪出剪口，并将袖底部分向内翻转，确定袖肥后，将袖身与袖窿底部进行别合，同时别合袖底缝（图3-218）。

（16）沿着肩线和袖中缝抓合前、后袖片，贴出袖口造型，并进行修剪（图3-219）。

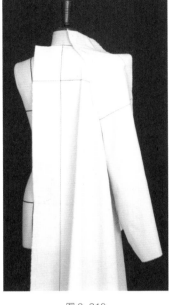
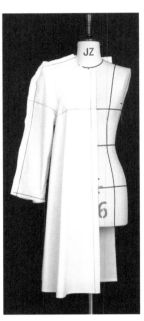

图3-217　　　　　　　　　　　　　图3-218　　　　　　　　　　　　　图3-219

（17）对袖子进行描点、连线、平面整理，并安装到衣身上，假缝试样（图3-220）。

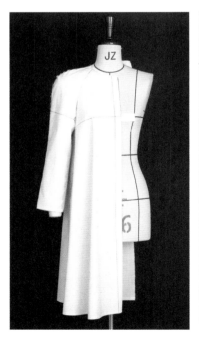
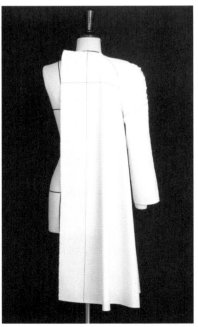

图3-220

（18）将衣领坯布后中心线与后衣片中心线对齐，辅助线保持水平，并与领围线对齐（图3-221）。

（19）预留出2cm倒伏量，将坯布用拇指压住推向侧颈点，保持领面平整，别合领子和领围线直至前中心线处，并剪去多余坯布，将外领口的坯布向外折起，确定领面宽度（图3-222）。

 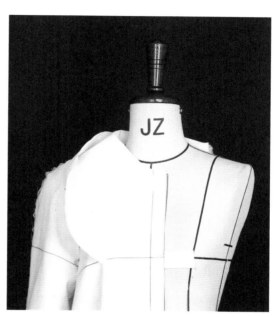

图3-221 图3-222

（20）调整领面造型，使其平整，贴出外领口造型线，需将领子的后中心线与衣片的后中心线对齐，并进行修剪（图3-223）。

 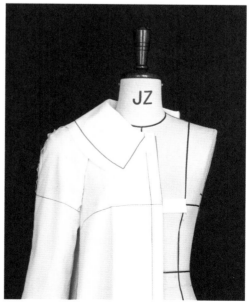

图3-223

（21）对领子进行描点、连线、平面整理，并安装到衣身上，假缝试样（图3-224）。

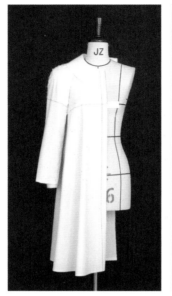

图 3-224

（22）将前、后衣片和袖子、领子调整对称，完成制作（图3-225）。

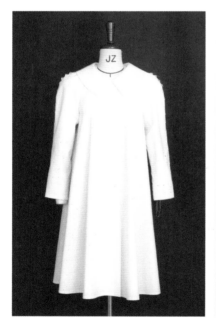

图 3-225

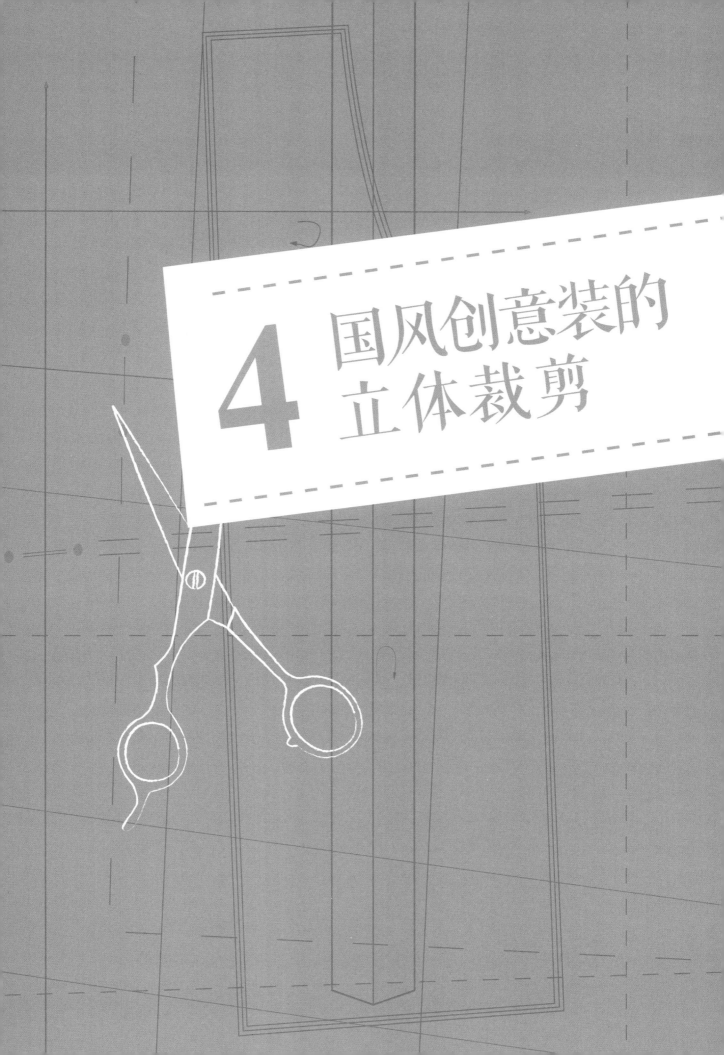

4 国风创意装的立体裁剪

前面我们从立体裁剪的概念入手，已经了解了立体裁剪的基础知识、工具准备，学习了上衣原型、省道转移、裙装、衬衫、连衣裙以及外套的立体裁剪，掌握了立体裁剪造型的基本手法以及立体裁剪的基本造型原理。接下来，这里将主要介绍国风创意服装的立体裁剪方法，并用典型的案例帮助同学们从不同方面掌握国风创意服装结构设计的基本程序和方法，更有效地实现设计想法的转换。

4.1 国风创意装的立体裁剪概述

4.1.1 国风创意装的解读

通常来说，"国风"是对中国传统文化的传承和发展，特别是对中国古典文学、绘画、音乐、舞蹈等文化和艺术形式的传承与发展。"国风"不仅强调了对中国传统文化的尊重与保护，还试图在现代社会中对其进行继承、弘扬和创新。

国风设计是指将中国传统文化元素融入设计之中，呈现出中国传统文化的特色和魅力，从而创造出具有中国传统文化风格的设计作品。将国风设计应用于创意服装设计，其目的是弘扬和传承中国传统文化，同时体现出现代设计的创新性和实用性。

事实上，"国风"先经历了长期的、特定的历史阶段的酝酿，进而才出现特定的艺术形式。在其出现后很长的历史时期里，直至当下，"国风"一直存在着延续的现象，当代的"国风"在本体上是对中国文化的继承与演绎，"国风"服装与服饰设计亦是如此。因此，本教材将国内外当代具有中国文化特质的服装设计实践归于"国风"服装设计的范畴，本章将着重从创意设计的角度解读"国风"服装的立体裁剪。

4.1.2 结构表现

梳理国风创意装的结构特征表现，大致可归纳为以下三个方面。

其一，中国传统服装自古以来讲究天人合一，追求人与自然的和谐之美，国风创意装亦追求这种美的意境。从服装结构的具体表现来看主要体现在两个方面，即服装内部空间（人体空间）塑造以及服装外部造型创意表现。与其他创意装不同的是，国风创意装首先强调人体空间的表达，注重人衣关系的和谐。用服装面料遮蔽身体的同时，含蓄地表达身体曲线之美，寻求一种显与隐的平衡。具体到立体裁剪的操作手法，即追求服装空间量的平衡美，适当地塑造人与服装之间的空间量，保证合适的人体舒适量以及运动放松量，同时考虑人体曲线美的表达。例如，我们现在所穿的打太极拳或者练武术的服装一般都是中式结构，具有一定的空间量，这种结构能够让身体更加舒展，手臂可以做360°的运动，这种裁剪理念与中国传统文化和中国人的审美观有着很大的关系。

其二，"天衣无缝"是一个由中国古代寓言故事演化而来的成语，原意是指神仙的衣裳精美，没有缝线的痕迹。由此可见，中国传统服饰所追求的美是无缝不露痕迹的美。这其实不仅是传说，中国传统服饰确实也是这样制作的，中国传统服装中没有肩线，衣片打开呈十字结构，另外肩袖也是合一的，没有肩袖线的存在，这种结构能够满足人体的活动，同时满足日常活动量。此外，在现今保留的传统服饰中可以发现，古代的服装面料都得到了合理运用，人们在制作服装时尽量减少面料的裁剪，这不仅体现了对美的追求，更表现了中国古代人民节用尚俭的思想。那么对于国风创意装来说，服装的美要注意结构线的表达，要想表现人体曲线美就需要谨慎设置结构线。如果要尽量保证服装不露缝线，或者说尽量保证服装的正面完美性，结构设计就应尽量减少分割和破坏性的裁剪，从而保证面料的完整性，这与当今的一片式裁剪手法有异曲同工之妙。

其三，注重平面化装饰的表现，这与中国传统服饰"天衣无缝"之美并不冲突，在传统服饰中对于面料边角料进行的二次再造，将其做成贴边或者装饰贴片，并可结合刺绣等工艺，例如十八镶等就是这类手法的体现。在当代国风创意装中，我们可以将这种美表达为对于面料表面肌理的处理，从立体裁剪的角度可以理解为褶皱、波浪、堆积、编拼等装饰性手法。

因此，国风创意装立体裁剪是在传统立体裁剪的基础上，展现国风创意装的结构美，将服装空间塑造、造型创意方法互动融合，运用合适的立体裁剪手法，构建人体与服装之间的空间形式。

4.1.3 意向表现

4.1.3.1 形式美

当代国风创意装的设计应深入挖掘中国文化内涵，不再拘泥于具体的款式细节表达，而是从设计理念入手，将"国风"轻描淡写地表达出来。国风的形式美集中体现在三个方面，即留白、比例关系与虚实关系。

第一，留白。中国画讲究留白的美，国风服饰也是如此，在立体裁剪过程中应把握整体布局，注意疏密变化，留出空白的空间感，这一点需要面料、色彩和工艺的共同配合。

第二，比例关系，包括服装宽窄比例、长短比例、空间比例等。例如，腰线位置的设计可以影响服装上下比例之间的关系。

第三，虚实关系，使面料和立体裁剪手法相结合，做减法或加法，可以突出服装不同部位的虚实关系。例如，利用层叠和堆叠的手法，或利用衬里和填充物，可以突出服装的实体感；利用流畅的剪裁线条和轮廓，可以营造出虚幻和柔和的视觉效果；在长裙的下摆处加入褶皱和流苏，可以使裙摆更加飘逸、灵动。

"天意TANGY"是中国时装设计品牌，其热衷于改良中国传统面料莨绸，该品牌将这种全手工的绿色环保面料与流行元素结合起来，传达对"国风"的深刻理解，以现代简约的设计形式表现出了中国传统服饰的飘逸与舒展（图4-1）。

图4-1

4.1.3.2　自然朴素之美

道家认为"大巧若拙""大美不言""朴素而天下莫能与之争美"。在中国传统美学中，自然朴素是指以自然为本，追求朴素简单的形式，平淡中富有韵味，反对繁华艳丽。自然朴素的设计思想在服装外观上体现为自然、阴阳平衡。就像设计师马可创立的品牌"无用"一样，该品牌提倡过自然简朴的生活，追求心灵的成长与自由。2007年，"无用"创立后的第一个作品《土地》出现在巴黎一个有着百年历史的中学室内篮球场里，没有T台，模特们如雕塑般屹立着，衣服又重又厚，布满尘土和破洞。"这是给天做的衣服"，马可充分利用面料本身的特性，或平铺直叙般简单地披挂穿搭，或粗犷厚重地营造空间，或细腻柔韧地编织缠绕，又或是层层叠叠地捏出细褶，这种手工的制作让人更能感受到自然质朴的力量以及她所传递的生活态度（图4-2）。

图4-2

4.1.3.3 细腻含蓄之美

提到国风总是离不开旗袍和中式长衫，这两种具有代表性的中国传统服饰蕴藏着中国审美的精粹，精致的旗袍领、舒展的腰身与侧开衩，搭配着精致的刺绣。"盖娅传说"品牌的服装设计正是这种细腻含蓄的国风体现，精致合体的裁剪、流畅的线条、宽松的袖子与外搭创造出空间感，用薄透的面料做虚实变化，加以面料颜色的辅助，营造出中国传统美学的意境（图4-3）。

图4-3

4.2 国风创意装的立体裁剪案例

4.2.1 光芒褶不对称礼服裙

● 款式分析

此案例是光芒褶的结构手法在国风创意装设计当中的应用与表现。本款式将偏门襟、旗袍领等具有代表性的中国传统服装语言符号运用于礼服的设计中，在衣身的结构设计中采用光芒褶的结构手法，丰富了设计的形式美感，整体服装风格端庄、大气（图4-4）。

● 坯布准备

（1）礼服裙的前衣身小片及后片使用中厚坯布并去除布边3cm，直接覆盖于人台上进行估算。前、后片同时取布，注意长度方向为直丝，标记前、后中心线和前、后片剪开线；宽度方向为横丝，标记胸围线、腰围线。确定长度时，以侧颈点向上4cm为起点，通过胸高点垂直向下量至衣身设计长度，再向下4cm。确定宽度时，以前中心线

图4-4

向右10cm为起点，沿胸围线水平向左量至侧缝线，再向外加放4cm确定剪开线；在此基础上放出4cm继续量至后片公主线向外加放4cm确认剪开线；在此基础上放出4cm量至后中心线，再向外加放10cm，并标记位置。

（2）前衣身大片确定长度时，以侧颈点向上4cm为起点，通过胸高点垂直向下量至衣身设计长度，再向下4cm，并标记位置。确定宽度时，以前中心线向左30cm为起点，沿着胸围线水平向右量至侧缝线，再向外加放50cm，并标记位置。

（3）裙子备布的方法参考波浪裙的坯布准备。

（4）衣领备布依据领子的结构需要准备坯布，领宽为经向，标记后中心线、基础辅助线。坯布数据参考图4-5所示。

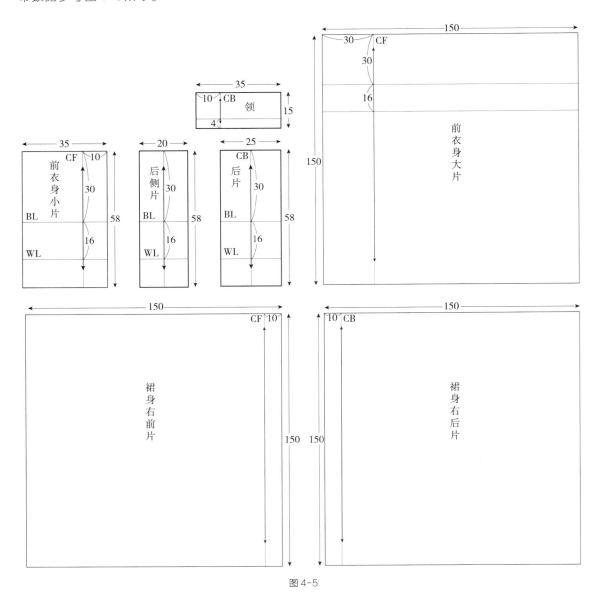

图4-5

● 制作步骤

（1）依据款式造型的要求将前中心点下降1cm，贴出领围线，并贴出门襟止口线、领上口造型线、腰部分割线以及前片褶裥造型线（图4-6）。

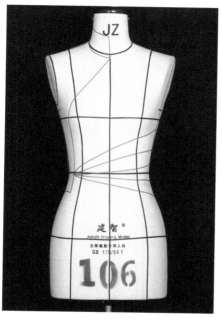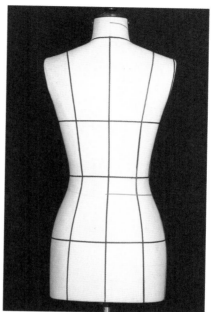

图4-6

（2）将前衣身小片的中心线、胸围线、腰围线与人台标志线对齐，用大头针进行固定（图4-7）。

（3）在前中心线处打剪口，剪口剪至领围线上方（图4-8）。

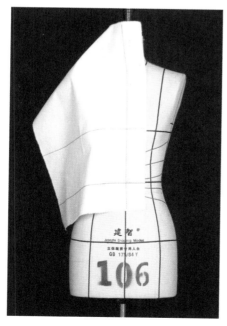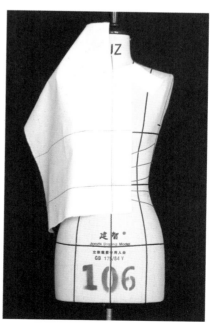

图4-7   图4-8

（4）将领围线处的坯布向肩线方向推移平铺，固定侧颈点，剪去领围线上多余的坯布，并在领围线上打出剪口（图4-9）。

（5）将肩部的坯布向袖窿方向推移，并在胸部保留一定的放松量，在腋下、腰线处分别捏出省道，并在腰围线处保留放松量（图4-10）。

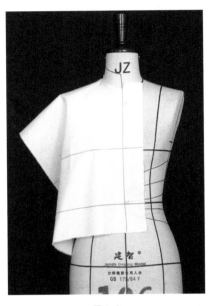
图4-9

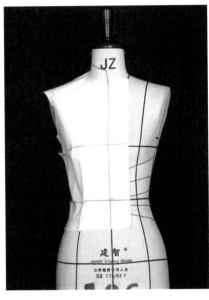
图4-10

（6）贴出肩线、侧缝线、腰部分割线、门襟造型线，用大头针标记出袖窿弧线，并剪去多余的坯布（图4-11）。

（7）将后衣身中心线、胸围线、腰围线与人台标志线对齐，用大头针进行固定（图4-12）。

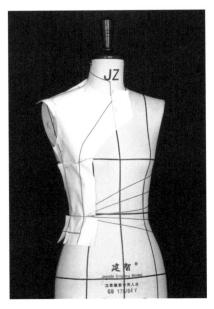
图4-11

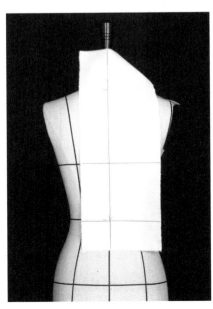
图4-12

（8）在后中心线处打剪口至领围线上方处，在领围线处打剪口，剪去多余的坯布，并在肩线与前片别合。贴出公主线，并做修剪（图4-13）。

（9）在人台后侧面贴出纱向辅助线，将后侧片固定在人台上，胸围线、腰围线与人台标志线对齐，坯布垂直纱向与人台侧面垂直线对齐（图4-14）。

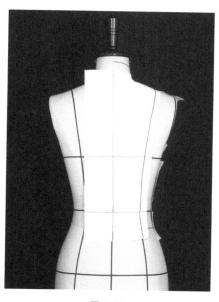
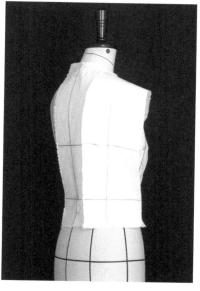

图4-13 图4-14

（10）在腰线处打剪口，沿公主线与后片进行别合，用大头针固定并剪去多余的坯布（图4-15）。

（11）保留适当松量，沿侧缝线将后侧片与前衣身小片别合，贴出腰线处的分割线，并剪去多余的坯布（图4-16）。

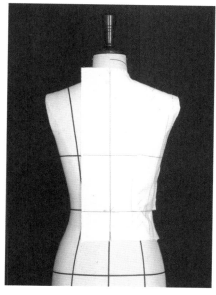
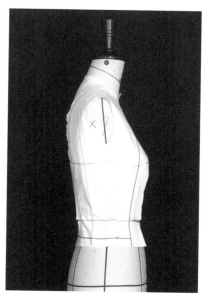

图4-15 图4-16

（12）将前衣身大片的中心线、胸围线与人台标志线对齐（图4-17）。

（13）在前中心线处打剪口，剪口剪至领围线上方，将领围线处的坯布向肩线方向推移平铺，固定侧颈点，剪去领围线上多余的坯布，并在领围线上打出剪口，修剪出领围线（图4-18）。

图4-17

图4-18

（14）将肩部及袖窿处的坯布向侧缝处平铺，至侧缝处第一个褶裥位置，做暂时固定。用大头针标记出袖窿弧线，剪去肩部及袖窿处的多余坯布，在第一个褶裥位置垂直于侧缝线打剪口，顺时针方向旋转坯布，形成第一个褶裥，于门襟止口处固定，并做调整（图4-19）。

图4-19

（15）沿门襟造型线别合大小两前片，并剪去多余的坯布。沿着侧缝线继续修剪至第二个褶裥位置，垂直于侧缝线打剪口，继续顺时针旋转坯布，形成第二个褶裥，在门襟止口处固定。依此方法完成腰部光芒褶的初步造型，适当保留腰部的松量，并按照造型的需要进行褶裥的塑造与调整，使褶裥均匀地分布于门襟处（图4-20）。

（16）贴出侧缝线，注意衣身造型的平衡和美感（图4-21）。

图4-20　　　　　　　　　　　图4-21

（17）依据款式造型的要求，贴出下摆造型线，在门襟处别合大小两衣片，并在胸围线处设置省道（图4-22）。

（18）剪去门襟、下摆和侧缝处多余的坯布（图4-23）。

图4-22　　　　　　　　　　　图4-23

（19）对衣身部分进行描点、连线、平面整理，并将对后片调整对称，完成假缝试样（图4-24）。

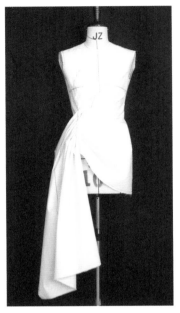

图 4-24

（20）在衣身结构的基础上，裙子前片设置育克。将育克的中心线、腰围线与人台标记线对齐，并与小衣片、后片别合，贴出育克分割线，剪去多余的坯布（图4-25）。

（21）裙子前片的制作方法参考波浪裙的制作，并与育克分割线别合。依据款式造型的设计要求，裙摆造型应饱满，因而在波浪结构的基础上还需增加褶裥装饰量，从而塑造出均匀而丰富的波浪褶皱（图4-26）。

图 4-25　　　　　　　　　　　　　　　　　　　　　　图 4-26

（22）贴出侧缝线，与衣身侧缝线对齐，并剪去多余的坯布（图4-27）。

（23）裙子后片的制作方法参考波浪裙的制作，并与后衣身进行别合（图4-28）。

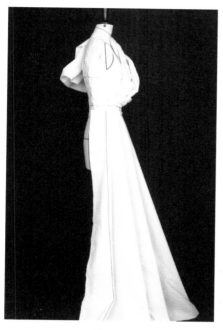 

图4-27　　　　　　　　　　　　　　　　　图4-28

（24）沿侧缝线将裙子的前、后片进行别合，并剪去多余的坯布（图4-29）。

（25）依据款式造型要求确定裙长，剪去多余的坯布。然后对裙子进行描点、连线、平面整理，并调整对称，完成假缝试样（图4-30）。

图4-29　　　　　　　　　　　　　　　　　图4-30

（26）将衣领坯布的后中心线与衣片后中心线对齐，辅助线保持水平，并与领围线对齐（图4-31）。

（27）从后中心线开始2.5cm处，将领子的辅助线与领围线水平别合，根据领子造型结构变化的原理，立领的装领线向上偏离辅助线，制作中一边向前转动领片，一边在坯布上剪出剪口，并与领围线进行别合直至前中心线处，需保留领子与颈部的空间量（图4-32）。

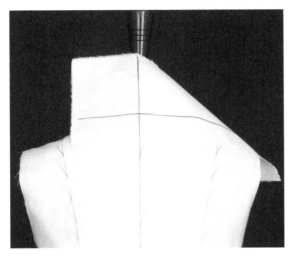

图4-31

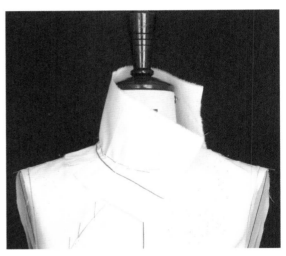

图4-32

（28）贴出立领上口造型线，剪去多余的坯布（图4-33）。

（29）对领子进行描点、连线、平面整理（图4-34）。

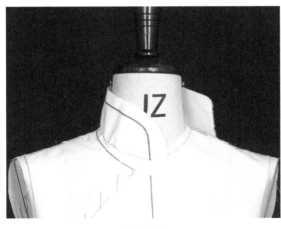

图4-33

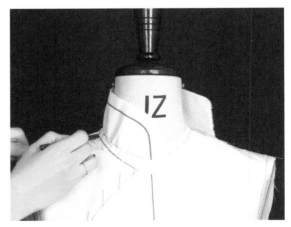

图4-34

（30）绱领子，假缝试样（图4-35）。

（31）调整造型，完成制作（图4-36）。

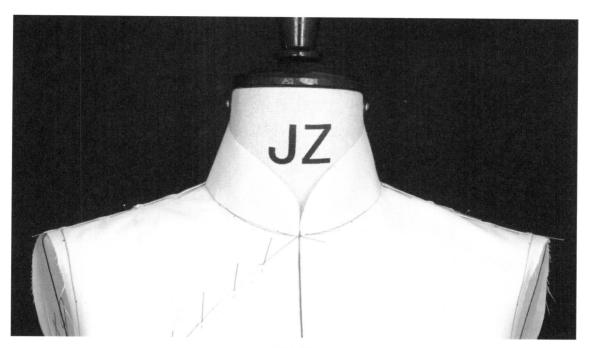

图 4-35

图 4-36

4.2.2 国风垂荡直身裙

● 款式分析

此案例是垂荡的结构手法在国风创意装设计当中的应用与表现。本款式衣身宽松、随意，垂荡的结构语言能很好地将面料的悬垂感和飘逸感表现出来，充分展现出自然朴素、随意潇洒的服装风格（图4-37）。

● 坯布准备

（1）衣身采用45°斜纱向备布，前、后片分开取布。确定长度时，从侧颈点向上4cm为起点，通过胸高点垂直向下量至衣身设计长度，再向下4cm。确定宽度时，前、后片分别取2倍的前、后胸围量，用直尺绘制中心线、胸围线。

（2）抹胸备布使用中厚坯布并去除布边3cm，直接覆盖于人台上进行估算。前、后片同时取布，注意长度方向为直丝，标记前、后中心线和前、后片剪开线；宽度方向为横丝，标记胸围线、腰围线。确定长度时，以抹胸造型线向上4cm为起点，通过胸高点垂直向下量至腰围线，再向下4cm。确定宽度时，以前中心线向右10cm为起点，沿着胸围线水平向左量至侧缝线向外加放4cm，确定剪开线；在此基础上放出4cm继续量至后中心线，再向外加放10cm，并标记位置。沿着标记记号绘制布纹线，并整烫用布，使丝缕归正。

（3）领子和袖口备布为直纱向，依据领口、袖口的大小准备。坯布数据参考图4-38所示。

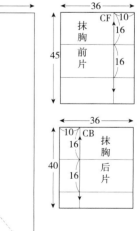

图4-37

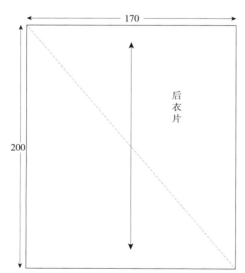

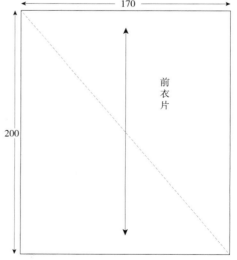

图4-38

● 制作步骤

（1）按照抹胸造型的要求贴出造型线（图4-39）。

（2）将抹胸坯布前衣身的中心线、胸围线与人台标志线对齐，用大头针进行固定（图4-40）。

（3）将胸部的坯布向袖窿方向推移，在侧缝处临时固定，保持胸围线水平，并在侧缝线、腰线处捏出腋下省、腰省。贴出抹胸造型线、侧缝线，并剪去多余的坯布（图4-41）。

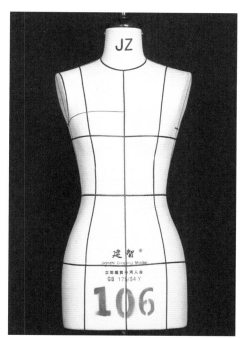
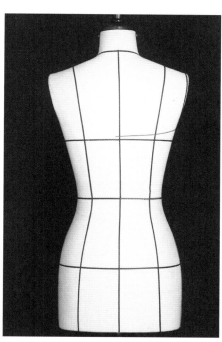

图4-39

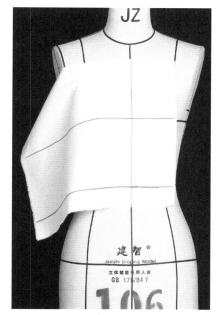

图4-40

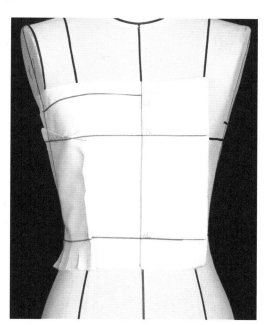

图4-41

（4）将抹胸后衣身的中心线、胸围线与人台标志线对齐，用大头针固定（图4-42）。

（5）铺平背部的坯布，并沿侧缝线与前片固定，在腰线处捏出腰省，贴出抹胸造型线，并剪去多余的坯布，然后沿侧缝线别合前、后片（图4-43）。

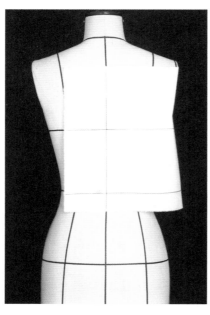 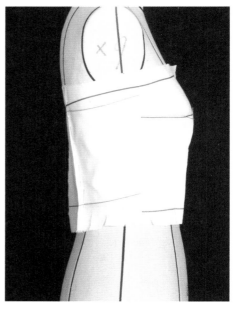

图4-42　　　　　　　　　　　　　　　　　　图4-43

（6）对抹胸进行描点、连线、平面整理，并假缝试样。

（7）将前衣身坯布沿45°方向折进，折进量由垂荡款式造型来确定。将前衣身的中心线与人台标记线对齐，在肩部用大头针进行固定，并依据造型要求调整垂荡褶皱（图4-44）。

图4-44

（8）在腰部两侧分别与抹胸做临时固定，确定垂荡造型，贴出肩线、袖缝线、袖口线、侧缝线。依据此处造型美的需要，褶裥不对称，有较大的创意空间（图4-45）。

图 4-45

（9）依据领部垂荡造型确定领口造型，贴出造型线，并剪去多余坯布（图4-46）。

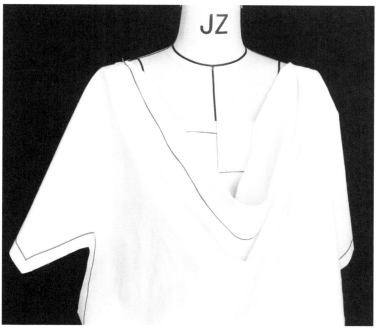

图 4-46

（10）在人台上贴出后片领围线（图4-47）。

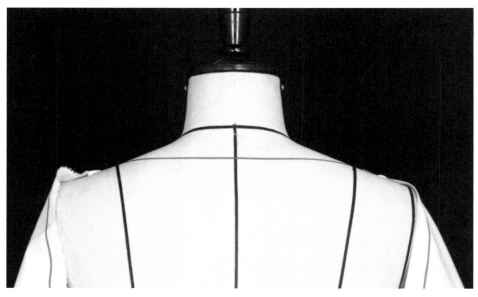

图 4-47

（11）将后片中心线与人台标记线对齐（图4-48）。

（12）在后中心线处打剪口，剪口剪至领围线上方，修剪出领围线（图4-49）。

图 4-48

图 4-49

（13）将前、后片沿肩线进行别合，并剪去多余的坯布（图4-50）。

图4-50

（14）依据造型要求在后腰线处设置褶裥，并与抹胸进行固定，同时沿袖缝线、侧缝线将后片与前片进行别合（图4-51）。

（15）依据款式要求确定裙长，并剪去多余的坯布（图4-52）。

（16）另一侧的制作与前面步骤相同，注意保持整体造型协调（图4-53）。

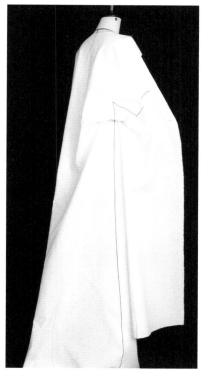

图4-51

图4-52

图4-53

（17）依据服装造型的要求绱领子和袖口（图4-54）。

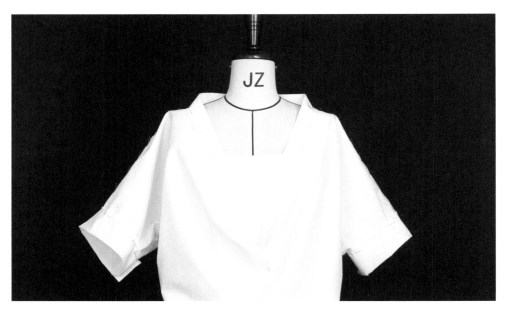

图4-54

（18）对裙子进行描点、连线、平面整理，并进行假缝试样，完成制作（图4-55）。

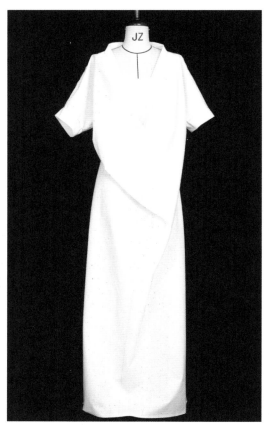

图4-55

4.2.3　扭褶、连身袖礼服裙

● 款式分析

此案例是扭褶的结构手法在国风创意装当中的应用与表现。本款式衣身合体修身、上下连属，布料在腰部扭转，依人体结构形成放射状褶裥，形成了独特的服装结构语言，连身广袖的设计使服装整体风格充分展现出细腻、含蓄的中国传统美（图4-56）。

● 坯布准备

（1）礼服裙的备布使用中厚坯布并去除布边3cm，直接覆盖于人台上进行估算。注意长度方向为直丝，标记前、后中心线；宽度方向为横丝，标记胸围线、腰围线、臀围线。确定长度时，以侧颈点向上4cm为起点，通过胸高点垂直向下量至裙子设计长度，再向下4cm。确定前片宽度时，以前中心线向右10cm为起点沿着胸围线水平向左量至侧缝线向外加放60cm，并同时准备左右两片；确定后片宽度时，以后中心线向左10cm为起点沿着胸围线水平向右量至侧缝线向外加放60cm，并标记位置。

（2）沿着标记记号绘制布纹线，并整烫用布，使丝绺归正。坯布数据参考图4-57所示。

图4-56

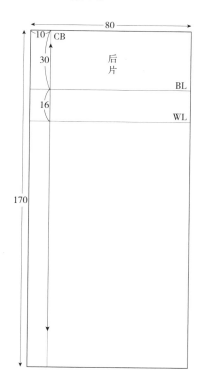
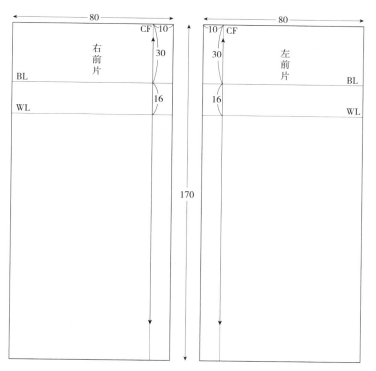

图4-57

● 制作步骤

（1）依据服装款式造型的要求贴出领口造型线（图4-58）。

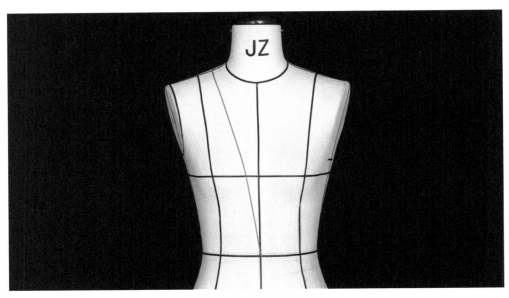

图 4-58

（2）将前身中心线、胸围线、臀围线与人台标志线对齐，用大头针进行固定，注意左右两个前片同时进行（图4-59）。

（3）依造型要求在腰线上捏出褶裥，褶裥要求对称、均匀，并保持造型的平衡感（图4-60）。

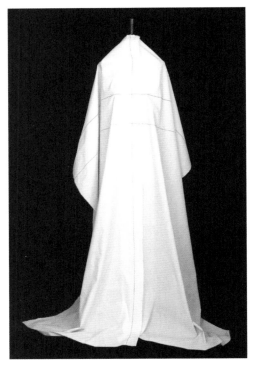

图 4-59

图 4-60

（4）贴出腰线位置，在腰线处打剪口，剪口剪至褶裥处，两侧相向进行（图4-61）。

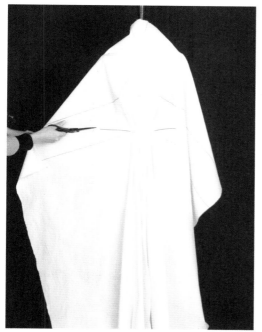

图4-61

（5）将左右两片进行交叉、扭转，调整褶裥大小和造型，并整理出领口造型，在肩部临时固定（图4-62）。

（6）将肩部、袖窿以下的坯布铺平，在腰部做临时固定，贴出腰线，胸部保持适当的放松量，在腰线处打剪口，并剪去多余的坯布（图4-63）。

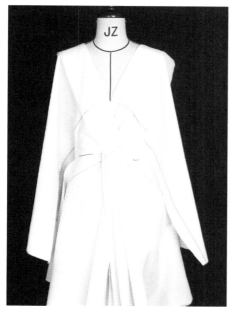

图4-62   图4-63

（7）在腰线处调整褶裥，将褶裥顺延至侧缝处，并做固定，沿腰围线将裙子与衣身别合，两侧同时进行，贴出侧缝线，并剪去多余的坯布，注意衣身褶裥与裙子褶裥的延续感和平衡感（图4-64）。

（8）依据款式要求贴出肩线、袖缝线、侧缝线，并剪去多余的坯布（图4-65）。

图4-64

图4-65

（9）将后身的中心线、胸围线、腰围线与人台标志线对齐，用大头针固定（图4-66）。

（10）在后中心线处打剪口，剪口剪至领围线上方（图4-67）。

图4-66

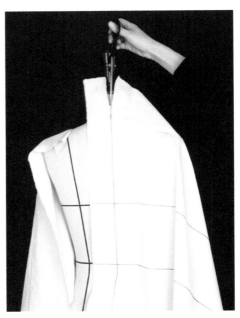

图4-67

（11）修剪领围线，并在肩线处与前片别合（图4-68）。

（12）铺平肩背横线处的坯布，在侧缝处与前片别合固定。在腰线处打剪口，保持臀围线水平，在侧缝处与前片固定，并在腰线处捏出梭形省道，在胸围、臀围处保留适当松量（图4-69）。

图4-68

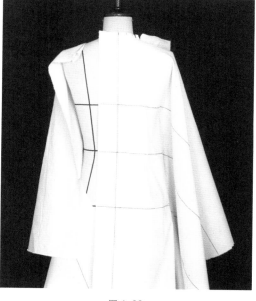

图4-69

（13）依据款式要求贴出肩线、袖缝线、侧缝线，并剪去多余的坯布，将前、后片沿肩线、袖缝线、侧缝线进行别合，同时别合袖底缝，需注意衣身和袖子结构空间的平衡感（图4-70）。

（14）贴出袖口、裙子下摆造型线，并剪去多余的坯布（图4-71）。

图4-70

图4-71

（15）对裙片进行描点、连线、平面整理，完成假缝试样（图4-72）。

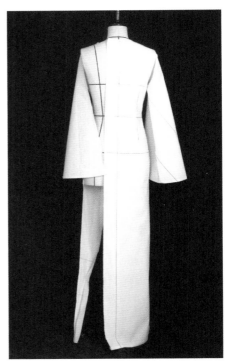

图 4-72

（16）将后片调整对称，完成制作（图4-73）。

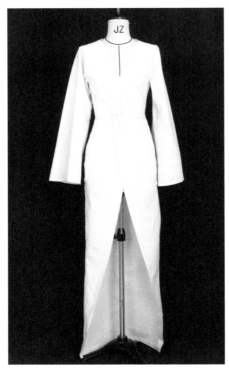

图 4-73

4.2.4　斜向分割礼服裙

● 款式分析

此案例是斜向分割的结构手法在国风创意装当中的应用与表现。本款式衣身合体修身，上下连属，衣身结构采用不对称的斜向分割手法塑造服装结构空间，在服装的分割线上加入装饰性裁片，突出表现服装造型的节奏感和韵律感，极具艺术表现力（图4-74）。

● 坯布准备

（1）礼服裙的备布使用中厚坯布并去除布边3cm，直接覆盖于人台上进行估算。长度方向为直丝，标记前、后中心线；宽度方向为横丝，标记胸围线、腰围线、臀围线。坯布的准备按照分割各部分分别取布，确定长度时，以侧颈点向上4cm为起点，通过胸高点垂直向下量至裙子设计长度，再向下4cm，并标记位置。确定各片宽度时，按照斜向分割及裙摆形成的最宽量再加放10cm量取。

（2）侧裙片采用45°斜纱向备布，用直尺画出斜纱向、臀围线，确定长度时，以腰线以上4cm为起点，沿侧缝量取至设计长度。

（3）沿着标记记号绘制布纹线，并整烫用布，使丝绺归正。坯布数据参考图4-75所示。

图4-74

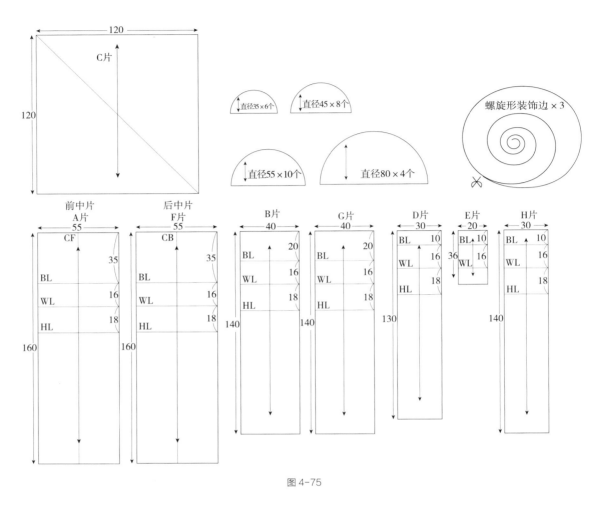

图4-75

● 制作步骤

本款式为不对称结构，为便于表述，用A、B、C、D、E、F、G、H片来表示，如图4-76所示。

（1）依据服装款式造型的要求贴出各部分分割线及造型线（图4-77）。

（2）将前中片（A片）的中心线、胸围线、腰围线、臀围线与人台标志线对齐，用大头针进行固定（图4-78）。

（3）在前中心线处打剪口，剪口剪至领围线上方，将领围线处的坯布自下向上向肩线方向推移平铺，固定侧颈点，修剪出领窝弧线。在腰线处临时固定，依据款式造型贴出分割线（图4-79）。

（4）在臀围线以下增加一定造型量以满足款式造型的

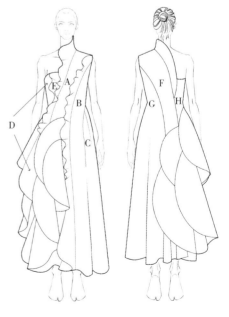

图4-76

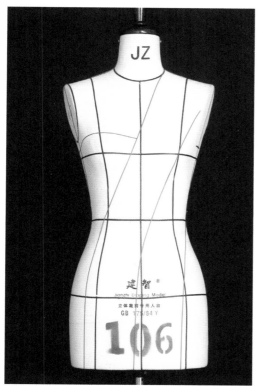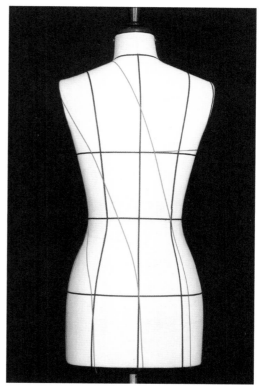

图 4-77

图 4-78

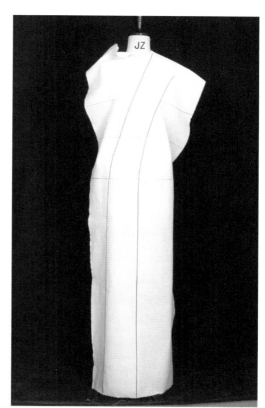

图 4-79

要求，同时在腰围线处打剪口，贴出肩线，并剪去多余的坯布（图4-80）。

（5）在人台前面左身贴出纱向辅助线，将前左侧片（B片）的纱向线、胸围线、腰围线、臀围线与人台标志线对齐，用大头针进行固定（图4-81）。

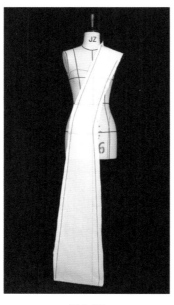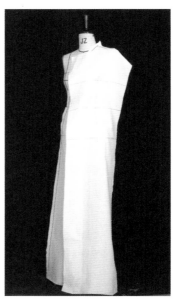

图4-80   图4-81

（6）保持前左侧片（B片）纱向竖直，腰线处打剪口，沿分割线与前中片（A片）别合，对齐胸围线、腰围线、臀围线，在胸部、腰部保留适当的放松量，并剪去多余的坯布（图4-82）。

（7）贴出前左侧片（B片）与侧裙片（C片）的分割线，注意保持裙摆造型的平衡感（图4-83）。

图4-82   图4-83

（8）贴出侧缝线、用大头针标记出袖窿弧线，并剪去多余的坯布（图4-84）。

（9）在人台前面右身贴出纱向辅助线，将前右侧片（D片）的纱向辅助线、胸围线、腰围线、臀围线与人台标志线对齐，用大头针进行固定（图4-85）。

图4-84   图4-85

（10）在前右侧片（D片）的腰线处打剪口，腰部以上部分贴出分割线，腰部以下部分与前中片（A片）别合，注意保持裙摆造型的平衡感（图4-86）。

（11）贴出前右侧片（D片）的胸部造型线、侧缝线，并剪去多余的坯布（图4-87）。

图4-86   图4-87

（12）将胸部小插片（E片）的纱向辅助线、胸围线、腰围线与人台标志线对齐（图4-88）。

（13）将小插片（E片）与前中片（A片）、前右侧片（D片）沿分割线别合，并剪去多余的坯布（图4-89）。

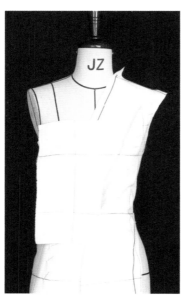
图4-88

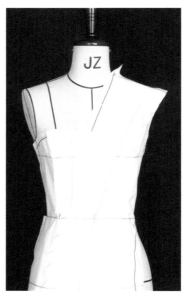
图4-89

（14）将后中片（F片）的中心线、胸围线、腰围线、臀围线与人台标志线对齐，用大头针进行固定（图4-90）。

（15）在后中心线处打剪口，剪口剪至领围线上方，修剪出领围线，在侧颈点处与前中片（A片）别合。在腰线处打剪口并做临时固定，依据款式造型贴出分割线（图4-91）。

图4-90

图4-91

（16）沿肩线处别合前中片（A片）和后中片（F片），在臀围线以下增加一定造型量以满足造型要求，并剪去多余的坯布（图4-92）。

（17）在人台后面左身贴出纱向辅助线，将后左侧片（G片）的纱向辅助线、胸围线、腰围线、臀围线与人台标志线对齐，用大头针进行固定（图4-93）。

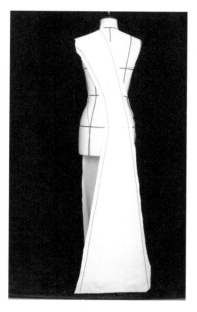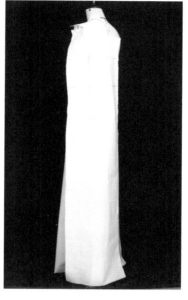

图4-92   图4-93

（18）保持后左侧片（G片）纱向竖直，在腰线处打剪口，在胸部、腰部保留适当的放松量，并沿分割线与后中片（F片）别合。贴出后左侧片（G片）与侧裙片（C片）分割线，注意保持裙摆造型的平衡感。沿侧缝线与前左侧片（B片）别合，用大头针标记出袖窿弧线，并剪去多余的坯布（图4-94）。

（19）在人台后面右身贴出纱向辅助线，将后右侧片（H片）的纱向辅助线、胸围线、腰围线、臀围线与人台标志线对齐，用大头针进行固定（图4-95）。

（20）在后右侧片（H片）的腰线处打剪口，沿分割线与后中片（F片）别合。贴出后右侧片（H片）背部造型线，沿侧缝线与前右侧片（D片）别合，注意保持裙摆造型的平衡感，并剪去多余的坯布（图4-96）。

（21）将侧裙片（C片）的斜向线、臀围线与人台侧缝线、臀围线对齐，用大头针进行固定（图4-97）。

（22）将侧裙片（C片）与前左侧片（B片）、后左侧片（G片）在分割线处别合。在别合的过程中一边别合一边打剪口旋转用布，利用布料的悬垂性形成波浪。制作中注意控制波浪的大小，使其均匀、美观（图4-98）。

（23）依据款式造型的要求确定裙长，并剪去多余的坯布（图4-99）。

图 4-94

图 4-95

图 4-96

图 4-97

图 4-98   图 4-99

（24）对裙身进行描点、连线、平面整理，完成假缝试样。

（25）将螺旋形装饰边依据款式要求安装在分割线上，并进行修剪（图 4-100）。

（26）依据服装款式造型的要求，安装半圆形装饰片，并进行修剪。

（27）对装饰边、装饰片进行平面整理，完成制作（图 4-101）。

图 4-100   图 4-101

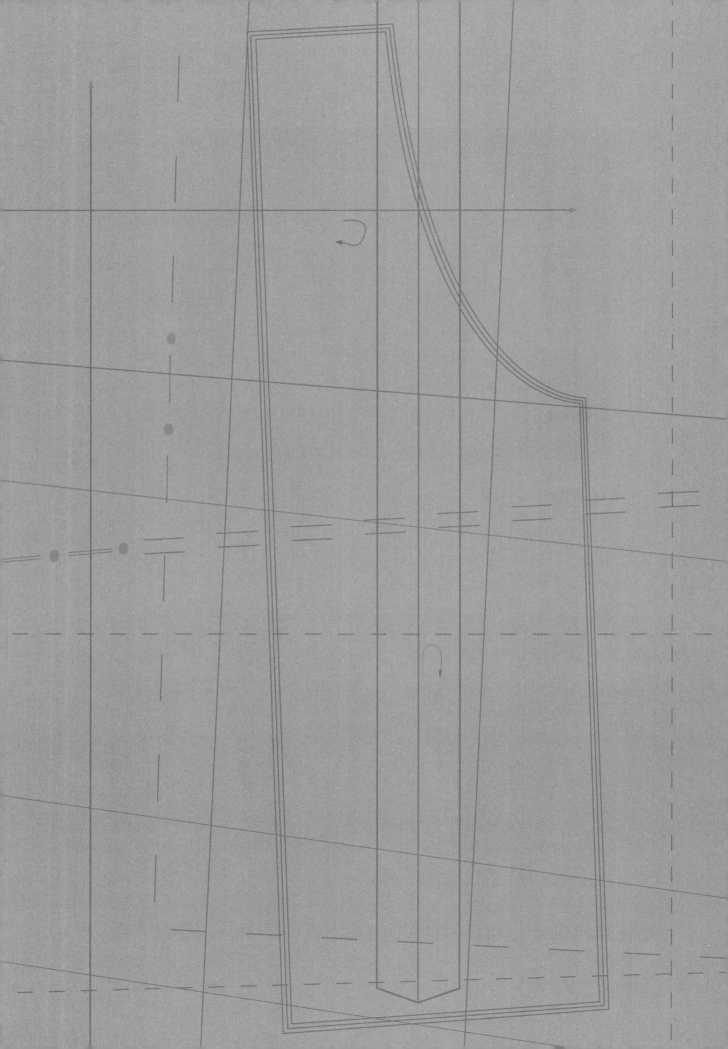